中国水利教育协会　组织

全国水利行业“十三五”规划教材（职业技术教育）

水利工程文件资料整编

主　编　胡敏辉
副主编　张志勇　胡永晖　李继国
主　审　王黎平

中国水利水电出版社
www.waterpub.com.cn
·北京·

内 容 提 要

本书共分为五大教学项目二十个工作任务。五个教学项目包括认知水利工程文件资料整编的基础知识，水利工程建设项目前期文件资料与项目法人验收文件资料整编，水利工程建设项目施工文件资料整编，水利工程建设项目监理文件资料整编，以及水利工程竣工验收文件资料整编。本书主要介绍了水利工程（土建）中各类文件资料的形成、整理、归纳的基本方法，重点突出工程项目中主要文件表格形成的条件与填写要领。

本书特点是，第一，实践性强，根据工程实际实施流程，从实用性方面讲解了各阶段各参建单位形成、整理、填写相关主要文件资料的要点；第二，本书以2016年前颁布的国家和行业标准为依据；第三，纠正了工程界长期存在的一些对工程文件、资料和档案在认识上的错误。

本书可作为高等职业技术教育水利水电建筑工程专业（群）的教材，也可作为水利工程技术岗位人员的参考书。

图书在版编目（CIP）数据

水利工程文件资料整编 / 胡敏辉主编. -- 北京 : 中国水利水电出版社, 2017.8（2023.8重印）
全国水利行业“十三五”规划教材. 职业技术教育
ISBN 978-7-5170-5436-8

Ⅰ. ①水… Ⅱ. ①胡… Ⅲ. ①水利工程－文件－高等职业教育－教材 Ⅳ. ①TV51

中国版本图书馆CIP数据核字(2017)第168720号

书　　名	全国水利行业“十三五”规划教材（职业技术教育） **水利工程文件资料整编** SHUILI GONGCHENG WENJIAN ZILIAO ZHENGBIAN
作　　者	主　编　胡敏辉 副主编　张志勇　胡永晖　李继国 主　审　王黎平
出版发行	中国水利水电出版社 （北京市海淀区玉渊潭南路1号D座　100038） 网址：www.waterpub.com.cn E-mail：sales@mwr.gov.cn 电话：(010) 68545888（营销中心）
经　　售	北京科水图书销售有限公司 电话：(010) 68545874、63202643 全国各地新华书店和相关出版物销售网点
排　　版	中国水利水电出版社微机排版中心
印　　刷	北京印匠彩色印刷有限公司
规　　格	184mm×260mm　16开本　11.25印张　267千字
版　　次	2017年8月第1版　2023年8月第2次印刷
印　　数	2001—3500册
定　　价	**38.00**元

凡购买我社图书，如有缺页、倒页、脱页的，本社营销中心负责调换

前言

本书是按照高等职业技术教育的要求和水利水电建筑相关专业的教学目标，采用项目导向、任务驱动的设计思路编写而成。首先根据项目确定典型工作任务，然后根据典型工作任务确定应具备的职业能力，再提出具体的任务内容，使学生与今后从事的岗位实现“零距离”对接。

水利工程文件资料整编贯穿工程项目建设的全过程，包括从项目建议书、可行性研究报告、设计、招投标、施工、质量监督、监理、竣工验收、试运行等过程中形成的文件资料，是水利工程建设管理全过程的真实记录。

水利工程文件资料整编是水利工程建设中一项重要的工作内容，是推进工程建设规范化管理的重要手段，是水利水电建筑工程专业（群）毕业生的能力目标之一。通过本课程的学习使学生理解有关工程文件、工程资料和工程档案的基本概念，同时掌握水利工程文件资料整编的原则和技能，具备在工程建设不同阶段中正确合理填报各种主要文件材料和表格的能力。本书以职业活动引导教学过程、重点围绕职业活动进行编写，同时满足了工程建设各单位对文件资料进行科学归档和管理的需要。

本书编写分工：长江工程职业技术学院胡敏辉编写项目1中的任务1.1以及项目3、项目4，云南水利水电职业学院李继国编写项目1中的任务1.2和任务1.3，长江水利委员会长江工程建设局高级工程师张志勇编写项目2，陆水枢纽管理局水利建筑工程总公司高级工程师胡永晖编写项目5。本书由胡敏辉任主编，张志勇、胡永晖、李继国任副主编，长江工程职业技术学院王黎平任主审。

由于编者水平有限，书中不足之处敬请广大师生与读者批评指正。

编者

2017年1月

目录

项目1 水利工程文件资料整编的基础知识认知

由于水利工程项目一般都具有隐蔽性，所以对于工程质量的检查与验收就要通过文件资料来体现。一个工程项目文件资料的完整与质量的好坏，直接影响到工程项目的好坏，因此，工程文件资料的管理是工程全面管理体系中一个非常重要的组成环节。

任务1.1 工程文件资料整编的基本概念认知

【任务及目标】 目前在工程项目中一直存在对工程文件、工程档案和工程资料等概念认识混乱的情况，并且普遍存在不重视工程文件资料整编工作的现实，本任务根据《中华人民共和国档案法》（简称档案法）及相关规范或规程，详细阐述工程文件、工程档案和工程资料概念的正确定义、作用及相互关系，并使学生清楚工程中文件资料整编工作的重要意义，掌握工程文件资料整编的内容和方法，了解工程文件资料的收集、保管的原则以及参建单位在工程档案管理工作中的基本职责。

一直以来，我们都把一项工程从立项许可到建设开始、直到竣工交付使用这一漫长过程中发生的很多有关工程的各种技术、质量、经济的文件材料，分门别类地收集、整理、编排、规整，按照《建设工程文件归档整理规范》（GB 50328—2014）或《水利工程建设项目档案管理规定》（水办〔2005〕480号）的要求，整理成册呈交流域机构或当地城建档案馆保存，以备必要时追索查阅的工作称为工程资料整编。

目前工程界并没有严格区分工程文件和工程资料的概念，习惯把工程文件称为工程资料，这从档案法的角度来说是错误的。在工程中就经常会出现“请抓紧时间把某某工程资料整理好，准备工程完工验收”的说法。这种说法是不准确的，是偷换和混淆了工程文件和工程资料的概念。在实际工程中大多数一线工程技术人员一直没有明白工程资料、工程文件和工程档案的概念，这种混淆的情况会造成国家档案管理的严重混乱。各级档案行政管理部门颁发或推荐的档案工作法律、法规、规章和办法等，对工程资料、工程文件和工程档案的表述都十分明确，它们之间有着严格的区分；但是，有些没有经国家档案局联合颁发的文件甚至是国家标准和行业标准，对工程文件和工程资料的表述就比较混乱。这就是我们有工程资料员而没有工程文件员的原因。由于工程习惯已形成，因此本教材把工程资料整编归纳统一称为工程文件资料整编，以示区别。

1.1.1 工程文件、工程档案和工程资料的概念

1. 建设工程

建设工程是经批准按照一个总体设计进行施工，经济上实行统一核算，行政上具有独

立的组织形式，实行统一管理的建设工程基本单位。它由一个或若干个具有内在联系的单位工程所组成。

2. 建设工程文件

建设工程文件是指在工程建设全过程中直接形成的各种形式的信息记录（文字、图表、声像、模型、实物等各种形式的记录），包括项目前期文件、监理文件、施工文件、竣工图和竣工验收文件，简称为工程文件。工程文件的形成和积累应纳入工程建设管理的各个环节和有关人员的职责范围，工程文件应随工程建设进度同步形成，不得事后补编。

3. 建设工程档案

档案是国家机关、社会组织和个人在社会活动中直接形成的有价值的各种形式的历史记录。档案是社会活动的产物，在社会活动中直接形成的原始记录（原件）才能称为档案，经过加工的，如根据档案编写的史书，只能称为资料。

因为档案具有原始性，所以它具有法律凭证的作用。档案是历史的真实记录，客观地记录了历史情况，是已经形成的东西，未形成或正在形成的都不能称为档案。档案也称为历史文化遗产，不是所有社会活动形成的记录都能称为档案，有价值的，即对国家、组织和个人有用的，才可称为档案。

建设工程档案是参建各方在工程建设活动中直接形成的具有归档保存价值的文字、图纸、图表、声像、电子文件等各种形式的历史记录。（归档：文件形成部门或形成单位完成其工作任务后，将形成的文件整理立卷后，按规定向本单位档案室或向流域机构档案馆移交的过程。立卷：按照一定的原则和方法，将有保存价值的文件分门别类整理成案卷，亦称组卷。）它真实记录了工程建设的有关活动，真实记录了工程建设的主要过程，真实记录了工程建设现状。

4. 工程资料

资料是一个相对性、动态性极强的概念，外延极宽。只要对人们研究解决某一问题有信息支持价值，无论其具体是什么，均可视为资料。

工程资料是指通过交流、赠送、购买和汇编而来的，仅供工程建设参考和借鉴的技术材料。工程资料是游离于工程建设以外形成的，只有参考价值而没有查考价值，不属于工程文件归档的内容和范围，不能进入工程档案。

1.1.2 工程文件、工程档案和工程资料的关系

建设工程文件与工程资料两者的根本区别就在于是否是建设工程直接形成的。凡是工程建设活动中直接形成的有价值的工程文件，就必须归档，工程文件是工程档案的前身，工程档案是工程文件的归宿。凡是工程资料，不管以何种方式、方法、渠道搜集到的，都不允许归档。

1.1.2.1 工程文件和工程档案的联系与区别

（1）工程档案是工程文件的转化。工程文件产生于社会活动中，由于工作的持续进行和事业发展的客观需要，就把将来有查考价值的文件有意识地保存下来，这就形成了工程档案。

（2）不是所有的工程文件都可以转化为工程档案。

1）办理完毕的工程文件才可以转化为工程档案。

2）具有查考利用价值的工程文件才可以转化为工程档案。

3）工程文件必须按一定的特点和规律组合起来，才能转化为工程档案。

所以，文件是档案的基础，档案是文件的精华。文件并不能等同于档案，它们的主要区别在于是否具有保存价值以及是否具备原始记录的性质。如果两者都具备，则可以称为档案，否则只能算作文件。虽然两者有很大的交集，但不能等同。

1.1.2.2　工程档案和工程资料的联系与区别

工程档案和工程资料都是知识的载体，都是社会生产实践活动不可缺少的资源条件，在一定条件下两者可以相互转化。两者的区别在于：

（1）与本单位实践活动关系不同。凡是直接记述和反映本单位活动并应归档保存的属于档案；资料则是为了工作参考目的而收集购买来的材料。

（2）对本单位所发挥的作用不同。档案是本单位活动的直接记录，因此它具有历史的查考作用和凭证作用；资料则是收集或利用各种手段索取来的材料，对本单位的活动不具有凭证作用。

总之，以上三者之间的关系我们可以举例说明：四年的大学学习生活过程中，学生的作业、试卷、实训试验报告书及各类获奖荣誉证书与处分记录都属于文件类材料，因为它们都是学生在四年学习生活中直接形成的，而教材、实训试验指导书及各类参考书籍就属于资料类材料，是购买得到的。毕业时学生的个人档案中就只有成绩单和各类获奖荣誉证书与处分记录等文件材料，不会有作业本在里面（因为作业本不是属于有价值的文件类材料），更不会有教科书；而成绩单和各类获奖荣誉证书与处分记录是有价值的文件材料。

1.1.3　水利工程文件资料的作用与特性

1.1.3.1　水利工程文件资料的主要作用

（1）水利工程档案验收是工程竣工验收前必须具备的条件。有价值的水利工程文件是流域机构档案馆或城建档案馆的重要组成部分，是工程竣工验收，评定工程质量优劣、结构及安全文明可靠程度，认定工程质量等级的必要条件。

（2）水利工程文件资料为工程信息查询提供直接重要的依据。水利工程文件资料是对工程质量及安全事故的处理，以及对工程进行检查、维修、管理、使用、改建、扩建、工程结算、决算、审计的重要技术依据。

例如，从工程质量控制的角度看，水利工程文件资料管理工作处于很关键的位置。水利工程项目施工管理过程中的质量控制，主要表现在对施工组织和施工现场的质量控制，控制内容包括工艺控制和产品控制，影响质量控制的因素主要有人、材料、机械、方法和环境。从“人”的因素看，水利工程文件资料员是水利工程中不可或缺的技术人员，要经专门部门培训合格后持证上岗，并保证资料员相对稳定；从“材料”的因素看，所有建筑材料的检测报告、出厂合格证、使用说明书等是建筑工程质量保证文件资料的主体；从“机械”的因素看，机械设备的配备、使用和现场调度是施工组织设计的重要组成部分；从“方法”的因素看，对施工工程序、方法和工艺流程的详细记录就是施工日志；从“环境”的因素看，我们要针对开工前、施工中和建设后的环境进行拍照和录像，真实反映场地环境的变化。以上几个方面的文件资料都收编在水利工程文件资料中，可见工程质量控制的五大因素都离不开工程文件资料管理工作。

又如，水利工程施工现场安全管理的目的是要达到预测、预报、预防、最终实现零事故。在建立健全安全生产保证体系、实施和持续改进施工现场安全生产的过程中，形成大量的施工现场安全文件资料，它既是有效的安全管理手段，又是安全管理的成果。一个施工现场的安全技术文件的收集整理状况直接反映施工企业和施工项目部的安全管理水平，安全管理文件资料是施工现场安全生产的记录和指导基础，也是考核落实安全生产责任制的书面依据，同时它还给安全管理工作提供了分析研究的材料，进而能够动态掌握项目安全工作的进展，以便对每个施工阶段制订行之有效的安全保证措施，由此可见水利工程文件资料管理工作对于安全管理的重要性。

(3) 水利工程文件归档后可为未来的建设提供参考、积累经验，是指导未来工程建设的重要信息。

1.1.3.2　水利工程文件资料的特性

(1) 复杂性。由于水利工程建设周期长，建设工程中阶段性和季节性较强，并且建筑材料种类繁多，生产工艺又比较复杂，因此，影响建筑工程的因素多种多样，这就必然导致工程文件资料具有一定的复杂性。

(2) 随机性。由于水利工程文件资料产生于工程建设的整个过程中，无论是在工程的立项审批、勘察设计，还是在开工准备、施工、监理或竣工验收等各个阶段和环节，都会产生各种文件资料。尤其是影响水利工程的因素发生变化时，还会随机产生一些由于具体事件而引发的特定文件资料，因此工程文件资料还具有一定的随机性。

(3) 时效性。有时水利工程文件资料一经生成，就必须及时传达到有关部门，否则如果有关单位或部门不予认可，将会产生严重的后果。因此水利工程文件资料具有很强的时效性。另外，随着施工工艺水平、新材料以及管理水平的不断提高，文件资料的价值也会随着时间的推移而衰减，但文件资料仍可以被借鉴、继承，从而积累相关经验。

(4) 真实性。水利工程文件资料只有全面真实地反映项目的各类信息，包括发生的事故和存在的隐患，才具有实用价值；否则一旦引用会起到误导作用，造成难以想象的后果。因此，水利工程文件资料必须真实地反映工程的实际情况，来不得半点片面和虚假。

(5) 综合性。由于水利工程项目常常都是综合的系统的工程，需要多个专业，多种工种的协同工作才能完成。比如，环境评价、安全评价、建筑、市政、园林、公用、消防、智能、电力、电信、环境工程、声学、美学等多种学科，并同时综合了组织协调、合同、造价、进度、质量、安全等诸多方面的工作内容。可见，水利工程文件资料是多个专业和单位的文件资料的集成，具有很强的综合性。

1.1.4　水利工程文件资料的分类与编制要求

1.1.4.1　水利工程文件资料的分类

水利工程文件资料包括项目前期文件、竣工文件和竣工验收文件。

(1) 项目前期文件（含工程建设管理文件材料），是开工前在立项、审批、招投标、勘察、设计以及工程准备过程中形成的文件，由建设单位负责提供。

（2）竣工文件，由施工文件、竣工图和监理文件组成。

1）施工文件，是项目施工过程中形成的反映项目建筑、安装情况的文件，由施工单位负责完成。

2）竣工图，是项目竣工后按照工程实际情况所绘制的图纸，也由施工单位负责完成。

3）监理文件，是监理单位对项目工程质量、进度、安全和建设资金使用等进行控制的文件，由监理单位负责完成。

（3）竣工验收文件，是项目竣工后试运行中以及项目竣工验收时形成的文件，由参建各方共同完成。

所以，一套完整的水利工程项目最终档案组成文件材料包括项目前期文件、施工文件、竣工图、监理文件、竣工验收文件。

1.1.4.2　水利工程文件资料的编制要求

（1）工程文件资料的编制、整理，依据国家、地方现行的有关工程建设的法律、法规、规范、标准执行。

（2）水利工程文件资料应真实反映工程的实际情况，具有永久和长期保存价值的材料必须完整、准确和系统。

（3）水利工程文件资料应使用原件，因各种原因不能使用原件的，应在复印件上加盖原件存放单位公章、注明原件存放处，并有经办人签字及时间。

（4）水利工程文件资料应保证字迹清晰，签字、盖章手续齐全，签字必须使用档案规定用笔。计算机形成的工程文件资料应采用内容打印、手工签名的方式。

（5）施工图的变更、洽商绘图应符合技术要求。凡采用施工蓝图改绘竣工图的，必须使用反差明显的蓝图，竣工图图面应整洁。

（6）水利工程档案的填写和编制应符合档案缩微管理和计算机输入的要求。

（7）水利工程档案的缩微制品，必须按国家缩微标准进行制作，主要技术指标（包括解像力、密度、海波残留量等）应符合国家标准规定，保证质量，以适应长期安全保管的需要。

（8）水利工程文件资料的照片及声像档案，应图像清晰、声音清楚，文字说明或内容准确。

1.1.5　工程文件资料的管理

必须加强对工程建设项目文件资料管理工作重要性的认识，并明确指出任何工程如果技术文件资料不符合有关标准规定，则判定该工程不合格。工程文件资料对工程质量具有否决权。

1.1.5.1　工程文件材料的归档范围

（1）对与工程建设有关的重要活动、记载工程建设主要过程和现状、具有保存价值的各种载体的文件材料，均应收集齐全，整理立卷后归档。

（2）工程文件材料的具体归档范围应符合《建设工程文件归档范围和保管期限表》的要求。水利工程项目建设过程期间所形成的文件材料与档案的归档范围及保管期限见表 1.1。

表 1.1　　　　水利工程建设项目文件材料归档范围与保管期限

序号	归档文件	保管期限		
		项目法人	运行管理单位	流域机构档案馆
1	工程建设前期工作文件材料	永久	永久	
1.1	勘测设计任务书、报批文件及审批文件	永久	永久	
1.2	规划报告书、附件、附图、报批文件及审批文件	永久	永久	
1.3	项目建议书、附件、附图、报批文件及审批文件	永久	永久	
1.4	可行性研究报告书、附件、附图、报批文件及审批文件	永久	永久	
1.5	初步设计报告书、附件、附图、报批文件及审批文件	永久	永久	
1.6	各阶段的环境影响、水土保持、水资源评价等专项报告及批复文件	永久	永久	
1.7	各阶段的评估报告	永久	永久	
1.8	各阶段的鉴定、实验等专题报告	永久	永久	
1.9	招标设计文件	永久	永久	
1.10	技术设计文件	永久	永久	
1.11	施工图设计文件	长期	长期	
2	工程建设管理文件材料	永久	永久	
2.1	工程建设管理有关规章制度、办法	永久	永久	
2.2	开工报告及审批文件	永久	永久	
2.3	重要协调会议与有关专业会议的文件及相关材料	永久	永久	永久
2.4	工程建设大事记	长期	长期	
2.5	重大事件、事故声像材料	长期	长期	
2.6	有关工程建设管理及移民工作的各种合同、协议书	长期	长期	
2.7	合同谈判的记录、纪要	长期	长期	
2.8	合同变更文件	长期	长期	
2.9	索赔与反索赔材料	长期		
2.10	工程建设管理涉及的有关法律事务往来文件	长期	长期	
2.11	移民征地申请、批准文件及红线图（包括土地使用证）、行政区域图、坐标图	永久	永久	
2.12	移民拆迁规划、安置、补偿及实施方案和相关的批准文件	永久	永久	
2.13	各种专业会议记录	长期	* 长期	
2.14	专业会议纪要	永久	* 永久	* 永久
2.15	有关领导的重要批示	永久	永久	
2.16	有关工程建设计划、实施计划和调整计划	长期		
2.17	重大设计变更及审批文件	永久	永久	永久
2.18	有关质量安全及安全生产事故处理文件材料	长期	长期	
2.19	有关招标技术设计、施工图设计及其审查文件材料	长期	长期	
2.20	有关投资、进度、质量、安全、合同等控制文件材料	长期		

续表

序号	归　档　文　件	保管期限		
		项目法人	运行管理单位	流域机构档案馆
2.21	招标文件、招标修改文件、招标补遗书及答疑文件	长期		
2.22	投标书、资质材料、履约类保函、委托授权书和投标澄清文件、修正文件	永久		
2.23	开标、评标会议文件及中标通知书	长期		
2.24	环保、档案、防疫、人防、水土保持等专项验收的请示、批复文件	永久	永久	
2.25	工程建设不同阶段产生的有关工程启用、移交的各种文件材料	永久	永久	* 永久
2.26	出国考察报告及外国技术人员提供的有关文件材料	永久		
2.27	项目法人在工程建设管理方面与有关单位（含外商）的重要来往函电	永久		
3	施工文件材料			
3.1	工程技术要求、技术交底、图纸会审纪要	长期	长期	
3.2	施工计划、技术、工艺、安全措施等施工组织设计报批及审核文件	长期	长期	
3.3	建筑原材料出厂证明、质量鉴定、复验单及试验报告	长期	长期	
3.4	设备材料、零部件的出厂证明（合格证）、材料代用核定审批手续、技术核定表、业务联系单、备忘录等		长期	
3.5	设计变更通知、工程更改洽商单等	永久	永久	永久
3.6	施工定位（水准点、导线点、基准点、控制点）等测量、复核记录	永久	永久	
3.7	施工放样记录及有关材料	永久	永久	
3.8	地质勘探和土（岩）试验报告	永久	长期	
3.9	基础处理、基础工程施工、桩基工程、地基验槽记录	永久	永久	
3.10	设备及管线焊接实验记录、报告、施工检验、探伤记录	永久	长期	
3.11	工程或设备与设施强度、密闭性试验记录、报告	长期	长期	
3.12	隐蔽工程验收记录	永久	长期	
3.13	记载工程或设备变化状态（测试、沉降、位移、变形等）的各种检测记录	永久	长期	
3.14	各类设备、电气、仪表的施工安装记录、质量检查、检验、评定材料	长期	长期	
3.15	网络、系统、管线等设备、设施的运行、测试、调试、试验记录与报告	长期	长期	
3.16	管线清洗、试压、通水、通气、消毒记录、报告	长期	长期	
3.17	管线标高、位置、坡度测量记录	长期	长期	
3.18	绝缘、接地电阻等性能测试、校核记录	永久	长期	
3.19	材料、设备明细表及检验、交接记录	长期	长期	
3.20	电器装置操作、联动实验记录	短期	长期	
3.21	工程质量检查自评表	永久	长期	
3.22	施工技术总结、施工预算、施工决算	长期	长期	
3.23	事故及缺陷处理报告等相关材料	长期	长期	

续表

序号	归　档　文　件	保管期限		
		项目法人	运行管理单位	流域机构档案馆
3.24	各阶段检查、验收报告和结论及相关文件材料	永久	永久	* 永久
3.25	设备及管线施工中间交工验收记录及相关材料	永久	长期	
3.26	竣工图（含工程基础地质素描图）	永久	永久	永久
3.27	反映工程建设原貌及建设过程中重要阶段或事件的声像材料	永久	永久	* 永久
3.28	施工大事记	长期	长期	
3.29	施工记录及施工日记		长期	
4	监理文件材料			
4.1	监理合同协议，监理大纲，监理规划、细则、采购方案、监造计划及批复文件	长期		
4.2	设备材料审核文件	长期		
4.3	施工进度、延长工期、索赔及付款报批材料	长期		
4.4	开（停、复返）工令、许可证等	长期		
4.5	监理通知，协调会议纪要，监理工程师指令、指示，来往信函	长期		
4.6	工程材料监理检查复检、实验记录、报告	长期		
4.7	监理日志、监理周（月、季、年）报、备忘录	长期		
4.8	各项控制、测量成果及复核文件	长期		
4.9	质量检测、抽查记录	长期		
4.10	施工质量检查分析评估、工程质量事故、施工安全事故等报告	长期	长期	
4.11	工程进度计划实施的分析、统计文件	长期		
4.12	变更价格审查、支付审批、索赔处理文件	长期		
4.13	单元工程检查及开工（开仓）签证，工程分部分项质量认证、评估	长期		
4.14	主要材料及工程投资计划、完成报表	长期		
4.15	设备采购市场调查、考察报告等	长期		
4.16	设备制造的检验计划和检验要求、检验记录及试验、分包单位资格报审表	长期		
4.17	原材料、零配件等的质量证明文件和检验报告	长期		
4.18	会议纪要	长期	长期	
4.19	监理工程师通知单、监理工作联系单	长期		
4.20	有关设备质量事故处理及索赔文件	长期		
4.21	设备验收、交接文件，支付证书和设备制造结算文件	长期	长期	
4.22	设备采购、监造工作总结	长期	长期	
4.23	监理工作声像材料	长期	长期	
4.24	其他有关的重要来往文件	长期	长期	
5	工艺、设备材料（含国外引进设备材料）文件材料			
5.1	工艺说明、规程、路线、试验技术总结		长期	

续表

序号	归档文件	保管期限		
		项目法人	运行管理单位	流域机构档案馆
5.2	产品检验、包装、工装图、检测记录		长期	
5.3	采购工作中有关询价、报价、招投标、考察、购买合同等文件材料	长期		
5.4	设备、材料报关（商检、海关）、商业发票等材料	永久		
5.5	设备、材料检验、安装手册、操作使用说明书等随机文件		长期	
5.6	设备、材料出厂质量合格证明，装箱单、工具单、备品备件单等		短期	
5.7	设备、材料开箱检验记录及索赔文件等材料	永久		
5.8	设备、材料的防腐、保护措施等文件		短期	
5.9	设备图纸、使用说明书、零部件目录		长期	
5.10	设备测试、验收记录		长期	
5.11	设备安装调试记录、测定数据、性能鉴定		长期	
6	科研项目文件			
6.1	开题报告、任务书、批准书	永久		
6.2	协议书、委托书、合同	永久		
6.3	研究方案、计划、调查研究报告	永久		
6.4	试验记录、图表、照片	永久		
6.5	实验分析、计算、整理数据	永久		
6.6	实验装置及特殊设备图纸、工艺技术规范说明书	永久		
6.7	实验装置操作规程、安全措施、事故分析	永久		
6.8	阶段报告、科研报告、技术鉴定	永久		
6.9	成果申报、鉴定、审批及推广应用材料	永久		
6.10	考察报告	永久		
7	生产技术准备、试生产文件材料			
7.1	技术准备计划		长期	
7.2	试生产管理、技术责任制等规定		长期	
7.3	开停车方案		长期	
7.4	设备试车、试验、运转、维护记录		长期	
7.5	安全操作规程、事故分析报告		长期	
7.6	运行记录		长期	
7.7	技术培训材料		长期	
7.8	产品技术参数、性能、图纸		长期	
7.9	工业卫生、劳动保护材料、环保、消防		长期	
8	财务、器材管理文件材料			
8.1	财务计划、投资、执行及统计文件	长期		
8.2	工程概算、预算、决算、审计文件及标底、合同等说明材料	永久		
8.3	主要器材、消耗材料的清单和使用情况记录	长期		

续表

序号	归　档　文　件	保管期限		
		项目法人	运行管理单位	流域机构档案馆
8.4	支付使用的固定资产、流动资产、无形资产、递延资产清册	永久	永久	
9	竣工验收文件材料			
9.1	工程验收申请报告及批复	永久	永久	永久
9.2	工程建设管理工作报告	永久	永久	永久
9.3	工程设计总结（设计工作报告）	永久	永久	永久
9.4	工程施工报告（施工管理工作报告）	永久	永久	永久
9.5	工程监理报告	永久	永久	永久
9.6	工程运行管理报告	永久	永久	永久
9.7	工程质量监督工作报告（含工程质量检测报告）	永久	永久	永久
9.8	工程建设声像材料	永久	永久	永久
9.9	工程审计文件、材料、决算报告	永久	永久	永久
9.10	环境保护、水土保持、消防、人防、档案等专项验收意见	永久	永久	永久
9.11	工程竣工实验鉴定书及验收委员签字表	永久	永久	永久
9.12	竣工资料会议其他重要文件材料及记载验收会议主要情况的声像材料	永久	永久	永久
9.13	项目评优奖申报材料、批准文件及证书	永久	永久	永久

注　“*”表示相关单位只保存与本单位有关或较重要的相关文件材料。

1.1.5.2　工程文件资料收集的要求

工程文件资料收集必须遵循如下三项原则：

（1）参与原则。工程文件资料收集必须纳入项目管理的程序中，文件资料收集人员应参加生产协调会、项目管理人员工作会等，及时掌握施工管理信息，便于对文件资料的管控。

（2）同步原则。工程文件资料收集必须与实际施工进度同步。

（3）否定原则。对所有不符合规定要求的文件资料应予拒收，严格把关。

1.1.5.3　工程文件资料的保管

（1）分类整理。按质量验收记录、工程质量控制文件资料核查记录、施工技术管理文件资料、工程安全功能检验文件资料核查和主要功能抽查文件资料等划分，同类文件资料按产生时间的先后顺序排列。

（2）固定存放。根据实际条件，配备必要的箱柜存放文件资料，并注意做到防火、防蛀、防霉。

（3）借阅规范。文件资料的借阅必须建立一定的借阅制度，并按制度办理借阅手续。

（4）移交归档。项目通过竣工验收后，按时移交给项目法人、运行管理单位、流域机构档案馆或当地城建档案部门。

1.1.5.4　工程文件资料管理的职责

1. 通用职责

（1）工程项目各参建单位应将工程文件资料的形成和积累纳入工程建设管理的各个环

节，并设置专职或兼职人员具体负责。

（2）工程文件资料应随工程进度及时收集、整理，并应按专业归类，认真书写，字迹清楚，项目齐全、准确、真实，无未了事项。表格应采用统一表格，特殊要求需增加的表格应统一归类。

（3）工程文件资料进行分级管理，建设工程项目各单位技术负责人负责本单位工程档案资料的全过程组织工作并负责审核，各相关单位档案管理员负责工程档案资料的收集、整理工作。

（4）对工程文件资料进行涂改、伪造、随意抽撤或损毁、丢失等，应按有关规定予以处罚，情节严重的，应依法追究法律责任。

2. 建设单位的职责

（1）负责基建文件的管理工作，并设专人进行收集、整理和归档。

（2）在工程招标、签订合同或协议时，对工程文件资料和工程档案的编制责任、套数、费用、质量和移交期限等提出明确要求。

（3）必须向工程建设参与方提供有关工程建设文件资料。

（4）自购材料、设备等应保证符合设计文件和合同要求，并保证相关文件资料的完整、真实和有效。

（5）组织监督和检查各参建单位工程文件资料的全过程工作。

（6）收集和汇总各参建单位立卷归档的工程档案。

（7）在工程竣工验收后 3 个月内将工程档案移交工程运行管理单位。

3. 监理单位的职责

（1）应设专人负责监理文件资料的收集、整理和归档工作；在项目监理部，监理文件资料的管理应由总监理工程师负责，并指定专人具体实施；监理文件资料应在各阶段监理工作结束后及时整理归档。

（2）监理文件资料必须及时整理、真实完整、分类有序。在设计阶段，对勘察、测绘、设计单位的工程文件的形成、积累和立卷归档进行监督、检查；在施工阶段，对施工单位的工程文件的形成、积累、立卷归档进行监督、检查，并对按规定项目由监理签认的工程文件资料予以签认。

（3）可以按照委托监理合同的约定，接受建设单位的委托，监督、检查工程文件的形成、积累和立卷归档工作；在工程竣工验收后 3 个月内将工程监理文件资料移交建设单位。

（4）编制的监理文件的套数、提交内容、提交时间，应按照现行《建设工程文件归档整理规范》（GB/T 50328—2014）或《水利工程建设项目档案管理规定》（水办〔2005〕480 号）以及流域机构档案馆或各地城建档案管理部门的要求，编制移交清单，双方签字、盖章后，及时移交建设单位，由建设单位收集和汇总。监理公司档案部门需要的监理档案，按照《水利工程施工监理规范》（SL 288—2014）的要求，及时由项目监理部提供。

4. 施工单位的职责。

（1）负责施工文件资料的管理工作，实行主管负责人负责制，建立健全施工文件资料管理岗位责任制。

（2）总包单位负责汇总、审核各分包单位编制的施工文件资料。分包单位负责其分包管理范围内施工文件资料的收集和整理，并对文件的完整、真实和有效性负责。

（3）在工程竣工验收前，完成工程施工文件资料的整理和汇总，并移交建设单位进行工程竣工验收。

（4）负责编制的施工文件资料除自行保存一套外，移交建设单位两套，其中包括移交档案馆原件一套。

5. 勘察、设计单位的职责

（1）工程项目勘察、设计单位应按合同和规范要求提供勘察、设计文件。

（2）对需勘察、设计单位签认的工程文件资料应签署意见，并出具工程质量检查报告。

任务1.2　水利工程资料员的岗位与职责认知

【任务及目标】 主要阐述水利工程施工管理技术岗位中的专职资料员的工作职责与工作方法，使学生掌握资料员的权利与责任，清楚资料员必须具备的能力和工作方法，为学生提前适应资料员工作岗位打下一定的基础。

资料员是水利工程施工管理技术岗位之一。水利工程施工管理技术岗位分为施工员、安全员、质检员、材料员和资料员（简称“五大员”）。

水利工程资料员担负水利工程资料管理的重要责任，具体工作内容如下：

（1）负责接收、收集、保管和利用档案的日常管理工作。

（2）负责对城建档案的编制、整理、归档工作进行监督、检查、指导，对国家重点、大型工程项目的工程档案编制、整理、归档工作，应指派专业人员进行指导。

（3）在工程竣工验收前，对列入城建档案馆接收范围的工程档案进行预验收，并出具《建设工程竣工档案预验收意见》。

1.2.1　资料员的要求与应具备的条件

一个建设工程的质量具体反映为建筑物的实体质量，即所谓硬件，此外是该项工程技术文件资料的质量，即所谓软件。工程文件资料的形成，主要靠资料员的收集、整理、编制成册，因此资料员在施工过程中担负着十分重要的责任。

要当好资料员除了有认真、负责的工作态度外，还必须了解建设工程项目的工程概况，熟悉本工程的施工图、施工基础知识、施工技术规范、施工质量验收规范、建筑材料的技术性能、质量要求及使用方法，有关政策、法规和地方性法规、条文等；要了解和掌握施工管理的全过程，了解和掌握各资料在什么时候产生。

资料员必须熟练具备两大技能，一是会识图、绘图；二是会用计算机管理文件资料并熟悉各种办公软件操作。

1.2.2　资料员的岗位职责

（1）贯彻和执行上级主管部门关于水利工程文件资料管理的各项规定。

（2）负责所有工程合同、图纸、洽商记录、来往函件等文件的及时接收、整理、发放、借出、保存以及工程图纸变更等各项工作。

（3）随工程的开展同步收集和整理有关工程项目文件资料。

（4）对需要变更的文件和设计方案，应对其进行编号登记，及时、有效地传达到工程技术文件使用者手中。

（5）收集和整理工程准备阶段、竣工验收阶段形成的文件，并尽快着手进行立卷归档。

（6）归档文件材料必须齐全、完整、系统、准确。

（7）归档文件材料必须层次分明，符合其形成规律。

（8）归档文件材料必须准确地反映生产、科研、基建和经营管理等各项活动的真实内容和历史过程。

（9）严格执行文件资料工作的要求，加强文件资料的日常管理和保护工作，定期检查，发现问题及时向分管经理汇报，采取有效措施，保证文件资料安全。

（10）按照文件资料保管期限定期鉴定文件资料。

（11）维护项目工程文件资料的完善与安全，对违反本制度或不正确使用的行为，拒绝提供使用。

（12）参与本工程竣工图的整理和移交。

1.2.3　资料员的权利

1. 跟进参与水利工程项目的权利

为保证资料员对所开展的水利工程项目进展情况的了解，以确定所需收集文件资料的期限与种类，确保在工程项目开展过程中不会发生重要文件资料的遗漏、缺失或延误，资料员有权要求参与工程项目开展过程中的各种重要会议，跟进和参加项目的各个环节及向相关部门咨询了解工程项目的进展情况。

2. 调取和查阅过往的工程文件资料的权利

对于中途加入对某工程项目的文件资料管理的资料员，为对工程项目有更为全面的了解，以便于下一步各项工作任务的开展，其应具有调阅和查看工程项目以往开展过程中的各文件资料、档案记录等的权利。

3. 提请协作单位及时提交文件资料的权利

为协同做好对工程项目进度的控制和管理，应具有提请相关协作单位及时提交有关文件资料和了解彼此工作开展情况和进度的权利。

4. 提请改善和保证文件资料完好保存与管理条件的权利

在资料室客观条件（包括办公条件、文件资料保存条件、文件资料安全保管条件等）受到极大的影响或条件过于恶劣，严重影响正常工作的开展，严重影响今后工作的连贯性、统一性和安全性管理时，资料员应有提请改善文件资料保存环境及保证文件资料完好保存和管理的权利。

5. 否定不合格协作资料的权利

对于协作或分包单位的工程技术文件资料，如其文件资料内容或质量完全或部分不能达到协作要求和质量要求者，资料员应具有拒绝接收有关材料的相关权利，并提请对方严格按照协作约定或合同条款要求修改完善所提交的文件资料。

6. 定期培训与再教育的权利

由于资料员的工作任务和职责涉及工程建设程序、工程项目管理、合同管理、水利工程施工、监理、文件档案管理、原材料的市场情况与管理、相关法律法规及规范等各个方面及相关知识，因此需对资料员进行定期的培训和再教育，不断更新和调整原有的知识和结构，提高个人素质和相关方面的业务知识能力。

7. 申请增加编制重要文件资料的权利

在工程项目的管理过程中，对于原有的文件资料管理体制下一些重要的、具有关键性的影响的事件、数据和文件，应具有提请增加编制记录文件资料或记录表格等权利。

1.2.4　资料员的工作内容

资料员的工作内容按不同阶段划分，可分为施工前期阶段、施工阶段、竣工验收阶段。

1.2.4.1　施工前期阶段

(1) 熟悉建设项目的有关文件资料，主要是施工图。

(2) 协助编制施工技术组织设计（施工技术方案），并填写施工组织设计（方案）报审表，报现场监理机构审批。

(3) 报开工报告，填报工程开工报审表，填写开工通知单。

(4) 协助编制各工种的技术交底材料。

(5) 协助制订各种规章制度。

1.2.4.2　施工阶段

(1) 及时搜集整理进场的工程材料、构配件、成品、半成品和设备的质量保证文件（出厂质量证明书、生产许可证、准用证、交易证等），填报工程材料、构配件、设备报审表，由监理工程师审批。

(2) 与施工进度同步，做好隐蔽工程验收记录及检验批质量验收记录的报审工作。

(3) 及时整理施工试验记录和测试记录。

(4) 阶段性的协助整理施工日记。

1.2.4.3　竣工验收阶段

(1) 工程竣工文件资料的组卷包括以下几个方面：

1) 单位工程质量验收文件资料。

2) 单位工程质量控制文件资料核查记录。

3) 单位工程安全与功能检验文件资料核查及主要功能抽查文件资料。

4) 单位工程施工技术管理文件资料。

(2) 归档文件资料（提交流域机构档案馆或城建档案馆）包括以下几个方面：

1) 施工技术准备文件，包括图纸会审记录、控制网设置文件资料、工程定位测量文件资料、基槽开挖线测量文件资料。

2) 工程图纸变更记录，包括设计图纸会审记录、设计变更记录、工程洽谈记录等。

3) 地基处理记录，包括地基钎探记录和钎探平面布置点、验槽记录和地基处理记录、桩基施工记录及试桩记录等。

4）施工材料预制构件质量证明文件及复试试验报告。

5）施工试验记录，包括土壤试验记录、砂浆混凝土抗压强度试验报告、商品混凝土出厂合格证和复试报告及钢筋接头焊接报告等。

6）施工记录，包括工程定位测量记录、沉降观测记录、现场施工预应力记录、工程竣工测量、新型建筑材料及施工新技术等。

7）隐蔽工程检查记录，包括基础与主体结构钢筋工程、钢结构工程、防水工程及高程测量记录等。

8）工程质量事故处理记录。

任务 1.3 水利工程文件材料的归档整理与验收移交

【任务及目标】 由于工程中直接形成的有价值的文件资料最终都要归档，因此本任务阐述了水利工程档案管理的方法与要求，要求学生掌握水利工程档案的收集、整理、归档和保管移交工作的方法，确保档案工作中归档、立卷和验收与移交的质量。

根据《中华人民共和国档案法》和《水利工程建设项目档案管理规定》（水办〔2005〕480 号）规定，水利工程档案管理要求有关单位应加强领导，将档案工作纳入水利工程建设与管理工作中，明确相关部门、人员的岗位职责，健全制度，统筹安排档案工作经费，确保水利工程档案工作的正常开展。

1.3.1 档案管理

（1）水利工程档案的保管期限分为永久、长期、短期三种。长期档案的实际保存期限不得短于工程的实际寿命。永久为 50 年以上；长期为 16～50 年；短期为 15 年以下的以卷内文件最长保管期限为案卷保管期限。

（2）水利工程档案工作应贯穿于水利工程建设程序的各个阶段，即从水利工程建设前期就应进行文件材料的收集和整理工作；在签订有关合同、协议时，应对水利工程档案的收集、整理、移交提出明确要求；检查水利工程进度与施工质量时，要同时检查水利工程档案的收集和整理情况；在进行项目成果评审、鉴定和水利工程重要阶段验收与竣工验收时，要同时审查、验收工程档案的内容与质量，并作出相应的鉴定评语。

（3）各级建设管理部门应积极配合档案业务主管部门，认真履行监督、检查和指导职责，共同抓好水利工程档案工作。

（4）项目法人对水利工程档案工作负总责，同时须认真做好自身产生档案的收集、整理和保管工作，并应加强对各参建单位归档工作的监督、检查和指导。大中型水利工程的项目法人，应设立档案室，落实专职档案人员；其他水利工程的项目法人也应配备相关人员负责工程档案工作。项目法人的档案人员对各职能处室归档工作具有监督、检查和指导职责。

（5）勘察设计、监理、施工等参建单位，应明确本单位相关部门和人员的归档责任，切实做好职责范围内水利工程档案的收集、整理、归档和保管工作；属于向项目法人等单位移交的应归档文件材料，在完成收集、整理、审核工作后，应及时提交项目法人。项目法人应认真做好有关档案的接收、归档和向流域机构档案馆的移交工作。

（6）工程建设的专业技术人员和管理人员是归档工作的直接责任人，须按要求将工作中形成的应归档文件材料进行收集、整理、归档，如遇工作变动，须先交清原岗位应归档的文件材料。

（7）水利工程档案的质量是衡量水利工程质量的重要依据，应将其纳入工程质量管理程序。质量管理部门应认真把好质量监督检查关，凡参建单位未按规定要求提交工程档案的，不得通过验收或进行质量等级评定。工程档案达不到规定要求的，项目法人不得返还其工程质量保证金。

（8）大中型水利工程均应建设与工作任务相适应的、符合规范要求的专用档案库房，配备必要的档案装具和设备；其他建设项目，也应有满足档案工作需要的库房、装具和设备。所需费用可分别列入工程总概算的管理房屋建设工程项目类和生产准备费中。

（9）项目法人应按照国家信息化建设的有关要求，充分利用新技术，开展水利工程档案数字化工作，建立工程档案数据库，大力开发档案信息资源，提高档案管理水平，为工程建设与管理服务。

（10）项目法人应按时向上级主管单位报送《水利工程建设项目档案管理情况登记表》（表1.2）。国家重点建设项目，还应同时向水利部报送《国家重点建设项目档案管理登记表》。

表1.2　　水利工程建设项目档案管理情况登记表

<table>
<tr><td colspan="4">项目名称</td><td colspan="8"></td></tr>
<tr><td colspan="4">项目法人</td><td colspan="8"></td></tr>
<tr><td colspan="4">主要设计单位</td><td colspan="8"></td></tr>
<tr><td colspan="4">主要施工单位</td><td colspan="8"></td></tr>
<tr><td colspan="4">主要设备安装单位</td><td colspan="8"></td></tr>
<tr><td colspan="4">主要监理单位</td><td colspan="8"></td></tr>
<tr><td colspan="4">批准概算总投资</td><td colspan="2">万元</td><td colspan="3">计划工期</td><td colspan="3">年　月—　年　月</td></tr>
<tr><td colspan="12">项目档案资料管理情况（项目法人）</td></tr>
<tr><td colspan="5">档案资料管理部门</td><td colspan="3">隶属部门</td><td colspan="2">负责人</td><td colspan="2">联系电话</td></tr>
<tr><td colspan="5"></td><td colspan="3"></td><td colspan="2"></td><td colspan="2"></td></tr>
<tr><td colspan="2">联系地址</td><td colspan="8"></td><td>邮编</td><td></td></tr>
<tr><td colspan="2">库房面积</td><td colspan="3"></td><td colspan="5">档案工作其他用房面积</td><td colspan="2"></td></tr>
<tr><td rowspan="2">设备</td><td colspan="4">档案柜架（套/组）</td><td colspan="3">计算机（台）</td><td colspan="2">复印机（台）</td><td>空调机（台）</td><td>其他设备</td></tr>
<tr><td colspan="4"></td><td colspan="3"></td><td colspan="2"></td><td></td><td></td></tr>
<tr><td colspan="3" rowspan="2">现有档案资料数量</td><td colspan="4">档案正本（卷/册）</td><td colspan="3">资料（卷/册）</td><td colspan="2">竣工图（张/卷）</td></tr>
<tr><td colspan="4"></td><td colspan="3"></td><td colspan="2"></td></tr>
<tr><td colspan="12">项目法人代表
（公章）
年　月　日</td></tr>
</table>

注　此表应于项目开工6个月内报送上级主管单位的档案部门，所有未验收的项目，每年12月30日前均需再次填报。

1.3.2　归档文件的质量要求

归档是指文件形成部门或形成单位完成其工作任务后，将形成的文件整理立卷后，按规定向本单位档案室或向流域机构档案馆移交的过程。

（1）对与工程建设有关的重要活动、记载工程建设主要过程和现状、具有保存价值的各种载体的文件，均应收集齐全、整理立卷后归档。

（2）水利工程档案的归档工作，一般是由产生文件材料的单位或部门负责。总包单位对各分包单位提交的归档材料负有汇总责任。各参建单位技术负责人应对其提供档案的内容及质量负责；监理工程师对施工单位提交的归档材料应履行审核签字手续，监理单位应向项目法人提交对工程档案内容与整编质量情况的专题审核报告。

（3）水利工程文件材料的收集、整理应符合《科学技术档案案卷构成的一般要求》（GB/T 11822—2008）。归档文件材料的内容与形式均应满足档案整理规范要求，即内容应完整、准确、系统；形式上应字迹清楚、图样清晰、图表整洁、竣工图及声像材料须标注的内容清楚、签字（章）手续完备，归档图纸应按《技术制图复制图的折叠方法》（GB/T 10609.3—2009）的要求统一折叠。

（4）不属于归档范围、没有保存价值的工程文件，文件形成单位可自行组织销毁。

（5）电子文件的整理、归档，参照《电子文件归档与管理规范》（GB/T 18894—2016）执行。

（6）项目法人可根据实际需要，确定不同文件材料的归档份数，但应满足以下要求：

1）项目法人与运行管理单位应各保存 1 套较完整的工程档案材料（当两者为一个单位时，应异地保存 1 套）。

2）工程涉及多家运行管理单位时，各运行管理单位只保存与其管理范围有关的工程档案材料。

3）当有关文件材料需由若干单位保存时，原件应由项目产权单位保存，其他单位保存复制件。

4）流域控制性水利枢纽工程或大江、大河、大湖的重要堤防工程，项目法人应负责向流域机构档案馆移交 1 套完整的工程竣工图及工程竣工验收等相关文件材料。

（7）工程档案的归档与移交必须编制档案目录。档案目录应为案卷级，并须填写工程档案交接单。交接双方应认真核对目录与实物，并由经手人签字、加盖单位公章确认。

（8）工程档案的归档时间，可由项目法人根据实际情况确定，可分阶段在单位工程或单项工程完工后向项目法人归档，也可在主体工程全部完工后向项目法人归档。整个项目的归档工作和项目法人向有关单位的档案移交工作，应在工程竣工验收后 3 个月内完成。

（9）文字材料必须是真实的原件（打印、印刷、手写和复写首页签章完整的为原件）归档，企业及个人资质文件材料采用复印件由单位盖公章确认，批量产品合格文件材料提供复印件的应由供货单位盖公章并注明供应的数量。

（10）所有表格及其他工程文件应采用碳素墨水、蓝黑墨水等耐久性强的书写材料，不得使用红色墨水、纯蓝墨水、圆珠笔、复写纸、铅笔等易褪色的书写材料。各种技术指标必须按照规范要求严格填写完整，经相关人员审核签章确认（监理工程师及总监理工程师谁签字盖谁的注册章），对综合管理类文件材料和技术表格中注明“公章”的应盖单位公章（对使用项目公章的必须出具签订工程合同单位的授权文件）。计算机输出文字和图件应使用激光打印机，不应使用色带式打印机、水性墨打印机和热敏打印机。

（11）工程文件中文字材料幅面尺寸规格宜为A4幅面（210mm×297mm）。图纸宜采用国家标准图幅。

（12）工程文件的纸张应采用能长期保存的韧力大、耐久性强的纸张。

（13）归档的建设工程电子文件应采用表1.3所列开放式文件格式或通用格式进行存储。专用软件产生的非通用格式的电子文件应转换成通用格式。

表1.3　　工程电子文件存储格式表

文件类别	格式	文件类别	格式
文本（表格）文件	PDF、XML、TXT	影像文件	MPEG2、MPEG4、AVI
图像文件	JPEG、TIFF	声音文件	MP3、WAV
图形文件	DWG、PDF、SVG		

（14）归档的建设工程电子文件应采用电子签名等手段，所载内容应真实、可靠。归档的建设工程电子文件的内容必须与其纸质档案一致。离线归档的建设工程电子档案载体，应采用一次性写入光盘，光盘不应有磨损、划伤。存储移交电子档案的载体应经过检测，应无病毒、无数据读写故障，并应确保接收方能通过适当设备读出数据。

1.3.3　水利工程文件立卷

立卷是指按照一定的原则和方法，将有保存价值的文件分门别类整理成案卷，亦称组卷。案卷是指由互有联系的若干文件组成的档案保管单位。

详细来说，立卷是指按照一定原则和方法，将已处理完毕的、有保存价值的零散文件进行系统整理并组成案卷的工作。立卷的方法一般是按文件的作者、名称、所涉及的问题、时间、地点、人物及收发文机关等特征归纳组卷，可按一种特征组卷，也可几种特征结合使用。

1.3.3.1　立卷的流程、原则和方法

（1）立卷应按下列流程进行：

1）对属于归档范围的工程文件进行分类，确定归入案卷的文件材料。

2）对卷内文件材料进行排列、编目、装订（或装盒）。

3）排列所有案卷，形成案卷目录。

（2）立卷的原则：

1）立卷应遵循工程文件的自然形成规律和工程专业的特点，保持卷内文件的有机联系，便于档案的保管和利用。

2）工程文件应按不同的形成、整理单位及建设程序，按工程前期文件、监理文件、施工文件、竣工图、竣工验收文件分别进行立卷，并可根据数量多少组成一卷或多卷。

3）一项建设工程由多个单位工程组成时，工程文件应按单位工程立卷。

4）不同载体的文件应分别立卷。

(3) 立卷应采用下列方法：

工程文件可按建设程序划分为工程准备阶段文件、监理文件、施工文件、竣工图、竣工验收文件五部分。

1) 工程准备阶段文件应按建设程序、专业类别、形成单位等进行立卷。

2) 监理文件应按单位工程、分部工程或专业类别、施工阶段等进行立卷。

3) 施工文件应按单位工程、分部工程或专业类别、施工阶段进行立卷。

4) 竣工图应按单位工程分专业进行立卷。

5) 竣工验收文件应按单位工程分专业进行立卷。

6) 电子文件立卷时，每个工程（项目）应建立多级文件夹，应与纸质文件在案卷设置上一致，并应建立相应的标识关系。

7) 声像文件资料应按建设工程各阶段立卷，重大事件及重要活动的声像文件资料应按专题立卷，声像档案与纸质档案应建立相应的标识关系。

(4) 施工文件的立卷应符合下列要求：

1) 专业承（分）包施工的分部、子分部（分项）工程应分别单独立卷。

2) 室外工程应按室外建筑环境和室外安装工程单独立卷。

3) 当施工文件中的部分内容不能按一个单位工程分类立卷时，可按建设工程立卷。

(5) 不同幅面的工程图纸，应统一折叠成A4幅面（210mm×297mm）。使图面朝内，首先沿标题栏的短边方向以W形折叠，然后再沿标题栏的长边方向以W形折叠，并使标题栏露在外面。

(6) 案卷不宜过厚，文字材料卷厚度不宜超过20mm，图纸卷厚度不宜超过50mm。

(7) 案卷内不应有重份文件。印刷成册的工程文件宜保持原状。

(8) 建设工程电子文件的组织和排序可按纸质文件进行。

1.3.3.2 卷内文件的排列

(1) 卷内文件应按表1.1《水利工程建设项目文件材料归档范围与保管期限表》的类别和顺序排列。

(2) 文字材料应按事项、专业顺序排列。同一事项的请示与批复、同一文件的印本与定稿、主体与附件不应分开，并应按批复在前、请示在后，印本在前、定稿在后，主体在前、附件在后，文字材料在前、图纸在后的顺序排列。

(3) 图纸应按专业排列，同专业图纸应按图号顺序排列。

1.3.3.3 案卷编目

案卷编目的内容包括编写案卷页号、卷内目录、备考表、案卷封面、案卷卷脊的编制。

1. 案卷页号

(1) 页号编写位置，单面书写的文件在右下角；双面书写的文件，正面在右下角，背面在左下角；折叠后的图纸一律在右下角。

(2) 成套图纸或印刷成册的文件材料，自成一卷的，原目录可代替卷内目录，不必重新编写页码。

(3) 案卷封面、卷内目录、卷内备考表不编写页号。

2. 卷内目录

卷内目录排列在卷内文件之前。卷内目录由序号、文件编号、责任者、文件材料题名、日期、页号和备注等组成，见表1.4。

表1.4　　卷　内　目　录

序号	文件编号	责任者	文件材料题名	日期	页号	备注

（1）序号：应用阿拉伯数字从1起依次标注卷内文件的顺序，一个文件一个号。

（2）文件编号：填写文件文号或图样的图号，或设备、项目代号。

（3）责任者：填写文件形成部门或主要责任者。

（4）文件材料题名：填写文件标题全称，文件标题过于简单或标题不规范的，可自拟文件题名，外加【　】。

（5）日期：填写文件形成的日期，例如2018年2月4日，填写为20180204。

（6）页号：填写每份文件首页上标注的页号，最后一份文件应填写起止页号。例如：最后一个文件起始页号为121页，终止页号为135页，则页号填写为121－135。

3. 卷内备考表

（1）立卷人和检查人签字应该手写或盖章，不得打印，见表1.5。

表1.5　　卷内备考表

本卷情况说明：   立　卷　人：________ 检　查　人：________ 立卷时间：________

（2）卷内备考表排列在卷内文件之后。

（3）案卷封面编制。案卷封面采用外封面，内容主要有案卷题名、立卷单位、起止日期、保管期限、密级、档号（图 1.1）。

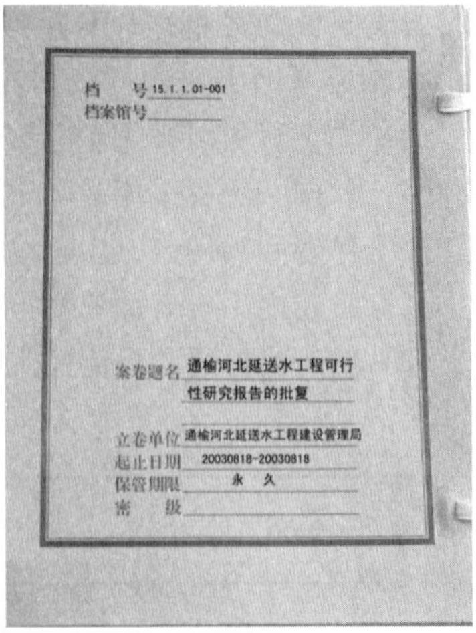

图 1.1　案卷封面

1）案卷题名：是立卷人给案卷拟定的标题，标题应简明、准确地揭示卷内文件材料的内容。题名一般由三部分构成：一是工程项目名称；二是工程阶段或部位名称特征；三是文件材料的名称特征，如批复、图纸、计算书等。

2）立卷单位：填写编制该案卷的单位全称或规范性简称。

3）起止日期：填写案卷内文件材料形成的起止日期。以卷内文件最早起始日期为案卷起始日期，以卷内文件最晚终止日期为案卷终止日期。

4）保管期限：填写组卷时依照有关规定划定的保管期限。

5）密级：依据保密规定，填写卷内文件材料的最高密级，一般暂不填写。

6）档号：由档案分类号和案卷顺序号联合组成，中间用“-”隔开。如分类号 15.1.1.01，案卷号为 1，档案号则为 15.1.1.01-1。

（4）案卷脊背的编制。案卷脊背应填写档号和案卷题名，用标签上格子线条的颜色（永久为红色，长期为黄色，短期为蓝色）来区分案卷的不同保管期限（图 1.2）。

全宗号和目录号暂不填写，分类号是根据档案分类方案所给定的类别号。用阿拉伯数字标识，不同级位的类别之间用间隔符“·”分开，案卷顺序号是指项目档案按一定顺序排列的流水号（图 1.3）。

图 1.2　案卷脊背

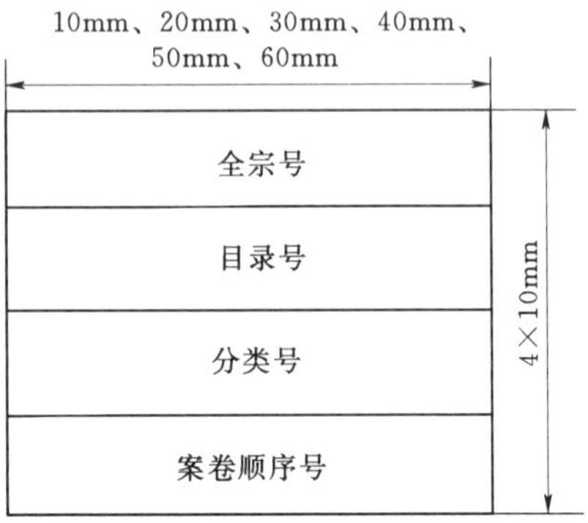

图 1.3　卷脊标签式样

案卷封面和案卷脊背案卷的档案号用铅笔填写，移交后由档案室统一填写。

4. 案卷装订要求

（1）文字材料可采用整卷装订与单份文件装订两种形式，图纸可不装订，但文字材料必须装订。同一项目采用的形式应一致。装订时不应破坏文件的内容，并应保持整齐、牢固，便于保管和利用。

（2）案卷内不应有金属物。

（3）案卷装具可采用卷盒、卷夹两种形式，并应符合下列规定：①卷盒的外表尺寸应为 310mm × 220mm，厚度可为 20mm、30mm、40mm、50mm；②卷夹的外表尺寸应为 310mm ×220mm，厚度宜为 20～30mm；③卷盒、卷夹应采用无酸纸制作。

（4）单份文件装订时，应在卷内文件首页上方加盖档号章，并填写档号章的内容：档号、序号式样如图 1.4 所示。

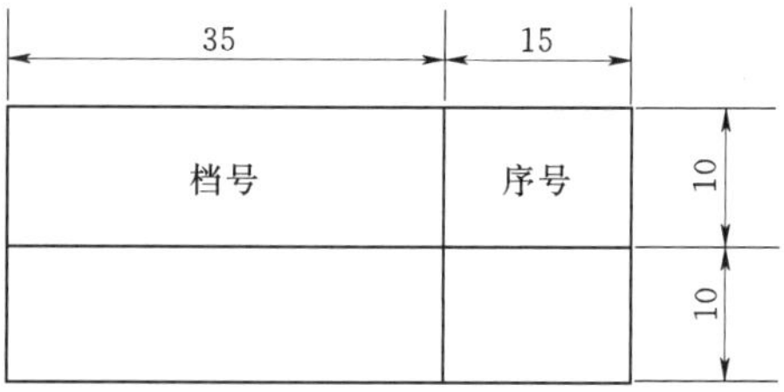

图 1.4　档号章式样（单位：mm）

1.3.4　工程档案的验收与移交

1.3.4.1　工程档案的验收

（1）水利工程档案验收是水利工程竣工验收的重要内容，应提前或与工程竣工验收同步进行。凡档案内容与质量达不到要求的水利工程，不得通过档案验收；未通过档案验收或档案验收不合格的，不得进行或通过工程的竣工验收。

（2）各级水行政主管部门组织的水利工程竣工验收，应有档案人员作为验收委员参加。

（3）大中型水利工程在竣工验收前要进行档案专项验收。其他工程的档案验收应与工程竣工验收同步进行。档案专项验收可分为初步验收和正式验收。

（4）水利工程在进行档案专项验收前，项目法人应组织工程参建单位对工程档案的收集、整理、保管与归档情况进行自检，确认工程档案的内容与质量已达要求后，可向有关单位报送档案自检报告，并提出档案专项验收申请。

1.3.4.2　工程档案的移交

（1）建设单位在工程竣工验收后 3 个月内，必须向相关档案管理机构移交一套符合规定的工程档案。

（2）停建、缓建建设工程的档案，可暂由建设单位保管。

（3）对改建、扩建和维修工程，建设单位应组织设计、施工单位对改变部位据实编制新的工程档案，并应在工程竣工验收后 3 个月内向相关档案管理机构移交。

（4）当建设单位向档案管理机构移交工程档案时，应提交移交案卷目录，办理移交手续，双方签字、盖章后方可交接。

项目2　水利工程建设项目前期文件资料与项目法人验收文件资料整编

水利工程建设项目前期工作与管理文件资料主要是由项目法人收集、整理与归纳，是开工以前在立项、审批、招投标、勘察、设计以及工程准备过程中形成的文件。项目法人验收是在施工阶段中由项目法人主持的验收工作。验收中所形成的各类文件资料由项目法人组织制备。

本教材主要针对高职高专学生，此类学生毕业走向基本上是在施工单位和监理单位一线的技术岗位，在施工单位和监理单位进场前，此类文件资料已基本完成整编，因此，建设项目前期工作与管理文件资料整编内容不作过多讲述，尽量简化。本项目主要介绍水利工程开工备案文件资料和水利工程项目法人验收文件资料收集、整理的方法。

任务2.1　水利工程开工备案文件资料的形成与整理

【任务及目标】 主要阐述项目法人在工程项目立项及开工备案时所应形成的文件资料的方法和内容，使学生了解这些前期工作的基本流程。

水利工程建设程序一般分为项目建议书、可行性研究、初步设计、施工准备（包括招标设计）、建设实施、生产准备、竣工验收、后评价等八个阶段。水利工程项目建设程序中，通常将项目建议书、可行性研究和初步设计作为一个大阶段，称为项目建设前期阶段或项目决策阶段；初步设计以后到投产运行期间的建设活动作为另一个大阶段，称为项目建设实施阶段；投产运行后就是生产阶段。

2.1.1　立项文件的形成

水利基本建设项目的实施，首先必须通过基本建设程序立项。水利基本建设项目的立项报告应根据党和国家的方针政策，已批准的江河流域规划、区域规划以及水利发展中长期规划，由水行政主管部门提出，通过基本建设程序申请立项。立项过程主要包括项目建议书和可行性研究报告阶段。

1. 项目建议书

（1）项目建议书应根据国民经济和社会发展长远规划、流域综合规划、区域综合规划、专业规划，按照国家产业政策和国家有关投资建设方针进行编制，是对拟进行建设项目的初步说明。

（2）项目建议书的编制一般由政府部门委托有相应资质的设计单位承担；并按国家现行规定权限向主管部门申报审批。项目建议书批准后，由政府向社会公布，若有投资建设意向，应及时组建项目法人筹备机构，开展下一建设程序工作。

2. 可行性研究

(1) 可行性研究应对项目进行方案比较，对技术上是否可行和经济上是否合理进行科学的分析和论证。经过批准的可行性研究报告，是项目决策和进行初步设计的依据。可行性研究报告由项目法人（或筹备机构）组织编制。

(2) 政府投资的工程项目可行性研究报告经批准后，不得随意修改和变更；主要内容有重大变动应经原批准机关复审同意。项目可行性研究报告批准后，应正式成立项目法人，并按项目法人责任制实行项目管理。

3. 初步设计

(1) 初步设计是根据批准的可行性研究报告和必要而准确的设计资料，对设计对象进行通盘研究，阐明拟建工程在技术上的可行性和经济上的合理性，规定项目的各项基本技术参数，编制项目的总概算。

(2) 初步设计文件经批准后，主要内容不得随意修改、变更，并作为项目建设实施的技术文件基础。如有重大修改、变更，须经原审批机关复审同意。

4. 施工准备工作

施工准备工作是项目主体工程开工前的重要基础工作，主体工程开工前，必须完成以下各项工作：

(1) 施工现场准备工作：包括完成施工现场的征地拆迁工作；完成施工用水、用电、通信、道路和场地平整工作；组织完成招标设计、设备和物资采购等；组织完成监理和主体工程招标工作，确定监理和施工主体；办理完结质量、安全监督手续。

(2) 施工准备工程的开工条件包括：初步设计已经批准；项目法人已经组建；项目已列入国家或地方计划，筹资方案已经确定；有关土地使用权已经批准。

根据建设项目的性质和对流域、区域的影响，对须报省立项的，区分不同情况，经省发展和改革委员会与省水利厅协商一致后，在审批文件中明确下一阶段批复方式（即继续报省批复或授权市审批）。若由地方批复，批复文件应报省备案。

企业投资项目（包括外商投资项目）的前期工作全部改为核准制和备案制。

符合下列情况之一的，立项过程可适当简化：

1) 在流域防洪规划基础上，对已有堤防实施加高加固工程，可直接编写可行性研究报告并申请立项。

2) 病险水库除险加固工程立项工作，在省水利厅出具的三类坝鉴定意见和水利部大坝安全管理机构复核意见的基础上进行。总投资2亿元（含）以上或总库容大于10亿（含）m^3的项目，必须编制可行性研究报告申请立项；总投资2亿元以下且总库容在10亿m^3以下的病险水库除险加固，可直接编制初步设计报告。

3) 拟列入国家基本建设投资年度计划的水电站改造、大中型灌区改造工程、涝区改造工程、灌排泵站改造工程，根据规划可直接编制可行性研究报告。

4) 拟列入国家基本建设投资年度计划的节水灌溉增效示范工程、农村饮水安全工程、牧区水利工程、水土保持生态建设工程，根据规划可直接编制实施方案。

5) 其他投资主管部门认为可以简化水利基本建设立项过程的项目。

2.1.2　水利工程开工备案的要求

水利部《关于取消三项水利部行政许可项目的公告》（2013 年第 35 号）规定，各级水行政主管部门要严格执行国务院决定要求，不得继续以审批或变相审批方式批复水利工程开工，不得转交下属事业单位、协会继续审批。

（1）水利工程开工应具备如下条件：

1）项目法人已设立。

2）初步设计已批准。

3）施工详图设计满足主体工程施工需要。

4）建设资金已落实。

5）主体工程施工、监理单位已按规定选定并依法签订了合同。

6）工程阶段验收、竣工验收主持单位已明确。

7）质量安全监督手续已办理。

8）主要设备和材料已落实来源。

9）施工准备和征地移民工作满足主体工程开工需要等。

（2）水利工程具备开工条件后，由项目法人自主确定工程开工。

（3）项目法人应当自工程开工之日起 15 个工作日内，将开工情况的书面报告报项目主管单位和上一级主管单位备案，以便监督管理。以下项目需向水利部和流域管理机构备案：

1）在国家确定的重要江河、湖泊建设的流域控制性工程、流域重大骨干工程建设项目。

2）水利部负责初步设计审批的中央项目。

3）水利部负责初步设计审批、以中央投资为主的地方项目。

（4）项目主管单位应加强对新开工项目的监督检查，发现工程不具备条件违规开工、开工后不按规定进行备案的，应责令项目法人立即整改；对于违反国家法律法规、构成重大质量安全隐患的，应责令其停工整改，并对项目法人给予通报批评。

2.1.3　水利工程开工前的文件材料清单

水利工程开工前的文件材料清单包括如下内容：

（1）初步设计报告批准文件（复印件）。

（2）县级以上人民政府明确项目法人（或责任主体）和任命法定代表人的文件（复印件）。

（3）按规定须招标项目的中标通知书（复印件），以及勘测、设计、监理和施工等参建单位的资质等级证书（复印件）。

（4）双方已签订的水利基本建设项目（含基建管理项目）投资承包合同书（复印件）。

（5）《水利水电工程质量安全监督书》（复印件）。

（6）主体工程施工进度计划安排。

（7）施工年度计划有度汛任务的，应提供足够年度度汛施工项目的资金到位证明。

任务 2.2　水利工程项目法人验收文件资料的形成与整理

【任务及目标】　由于工程项目在不同时期或每一阶段都要进行验收，工程参建各单位在验收中的作用与地位也不相同，因此本任务主要阐述项目法人在这些阶段中所承担的任务与职责，使学生了解项目法人在本任务中所应形成的相关文件材料类型或内容，清楚各验收鉴定书的格式与要求。

根据《水利水电建设工程验收规程》（SL 223—2008）规定，水利水电建设工程验收按验收主持单位可分为法人验收和政府验收。

项目法人验收应包括分部工程验收、单位工程验收、水电站（泵站）中间机组启动验收、合同工程完工验收等；政府验收应包括阶段验收、专项验收、竣工验收。

在验收工作前，施工单位和监理单位要准备完善相关的文件资料，这些文件资料是验收工作的基础性文件，而验收的成果性文件是《验收鉴定书》。本任务只讲述《验收鉴定书》的形成，基础性文件的形成与整理放到施工和监理文件资料整编中阐述。

2.2.1 工程验收的主要内容

工程验收主要包括如下内容：

（1）检查工程是否按照批准的设计进行建设。

（2）检查已完工程在设计、施工、设备制造安装等方面的质量及相关文件资料的收集、整理和归档情况。

（3）检查工程是否具备运行或进行下一阶段建设的条件。

（4）检查工程投资控制和资金使用情况。

（5）对验收遗留问题提出处理意见。

（6）对工程建设做出评价和结论。

2.2.2 分部工程验收鉴定书

分部工程验收鉴定书格式见表 2.1。正本数量可按参加验收单位、质量和安全监督机

表 2.1　　分部工程验收鉴定书格式

编号： ×××工程 ×××分部工程验收 **鉴　定　书** 单位工程名称： ××××分部工程验收工作组 年　月　日	前言（包括验收依据、组织机构、验收过程等） 一、分部工程开工完工日期 二、分部工程建设内容 三、施工过程及完成的主要工程量 四、质量事故及质量缺陷处理情况 五、拟验工程质量评定（包括单元工程、主要单元工程个数、合格率和优良率；施工单位自评结果；监理单位复核意见；分部工程质量等级评定意见） 六、验收遗留问题及处理意见 七、结论 八、保留意见 保留意见人签字： 九、分部工程验收工作组成员签字表 十、附件：验收遗留问题处理记录

填表说明：1. 本表由项目法人或监理机构负责填写。
2. 本表所填内容均为本分部工程相关资料。
3. 本表书写材料应符合档案管理的有关规定，可使用打印件。

构各一份以及归档所需要的份数确定。自验收鉴定书通过之日起 30 个工作日内，由项目法人发送有关单位，并报送法人验收监督管理机关备案。

2.2.3　单位工程验收鉴定书

单位工程验收鉴定书格式见表 2.2。正本数量可按参加验收单位、质量和安全监督机构、法人验收监督管理机关各一份以及归档所需要的份数确定。自验收鉴定书通过之日起 30 个工作日内，由项目法人发送有关单位并报法人验收监督管理机关备案。

表 2.2　　单位工程验收鉴定书格式

×××工程 ×××单位工程验收 **鉴　定　书** ×××单位工程验收工作组 年　　月　　日	验收主持单位： 法人验收监督管理机关： 项目法人： 代建机构（如有时）： 设计单位： 监理单位： 施工单位： 主要设备制造（供应）商单位： 质量和安全监督机构： 运行管理单位： 验收时间（年.月.日）： 验收地点： 前言（包括验收依据、组织机构、验收过程等） 一、单位工程概况 （一）单位工程名称及位置 （二）单位工程主要建设内容 （三）单位工程建设过程（包括工程开工、完工时间，施工中采取的主要措施等） 二、验收范围 三、单位工程完成情况和完成的主要工程量 四、单位工程质量评定 （一）分部工程质量评定 （二）工程外观质量评定 （三）工程质量检测情况 （四）单位工程质量等级评定意见 五、分部工程验收遗留问题处理情况 六、运行准备情况（投入使用验收需要此部分） 七、存在的主要问题及处理意见 八、意见和建议 九、结论 十、保留意见 保留意见人签字： 十一、单位工程验收工作组成员签字表

2.2.4　合同工程完工验收鉴定书

合同工程完工验收鉴定书格式见表 2.3。正本数量可按参加验收单位、质量和安全监督机构以及归档所需要的份数确定。自验收鉴定书通过之日起 30 个工作日内，由项目法人发送有关单位，并报送法人验收监督管理机关备案。

表 2.3　　合同工程完工验收鉴定书格式

<table>
<tr>
<td>×××工程

×××合同工程完工验收
（合同名称及编号）

鉴　定　书

×××合同工程完工验收工作组

年　　月　　日</td>
<td>项目法人：
代建机构（如有时）：
设计单位：
监理单位：
施工单位：
主要设备制造（供应）商单位：
质量和安全监督机构：
运行管理单位：
验收时间（年.月.日）：
验收地点：
前言（包括验收依据、组织机构、验收过程等）
一、合同工程概况
（一）合同工程名称及位置
（二）合同工程主要建设内容
（三）合同工程建设过程
二、验收范围
三、合同执行情况（包括合同管理、工程完成情况和完成的主要工程量、结算情况等）
四、合同工程质量评定
五、历次验收遗留问题处理情况
六、存在的主要问题及处理意见
七、意见和建议
八、结论
九、保留意见

保留意见人签字：
十、合同工程验收工作组成员签字表
十一、附件施工单位向项目法人移交资料目录</td>
</tr>
</table>

2.2.5 验收文件资料清单

验收文件资料制备由项目法人统一组织，有关单位应按要求及时完成并提交。项目法人应对提交的验收文件资料进行完整性、规范性检查。

验收文件资料分为应提供的文件资料和需备查的资料。有关单位应保证其提交文件资料的真实性并承担相应责任。验收文件资料清单分别见表 2.4 和表 2.5。

水利工程建设项目其他管理文件资料大部分都委托监理单位或施工单位形成，所以这些文件资料的收集与整理的问题，放在监理文件资料整编或施工文件资料整编中简述。

表 2.4　　验收文件资料清单

序号	资料名称	分部工程验收	单位工程验收	合同工程完工验收	机组启动验收	阶段验收	技术预验收	竣工验收	提供单位
1	工程建设管理工作报告		√	√	√	√	√	√	项目法人
2	工程建设大事记						√	√	项目法人
3	拟验工程清单、未完工程清单、未完工程的建设安排及完成时间		√	√	√	√	√	√	项目法人

续表

序号	资料名称	分部工程验收	单位工程验收	合同工程完工验收	机组启动验收	阶段验收	技术预验收	竣工验收	提供单位
4	技术预验收工作报告				*	*	√	√	专家组
5	验收鉴定书（初稿）				√	√	√	√	项目法人
6	度汛方案				*	√	√	√	项目法人
7	工程调度运用方案					√	√	√	项目法人
8	工程建设监理工作报告		√	√	√	√	√	√	监理机构
9	工程设计工作报告		√	√	√	√	√	√	设计单位
10	工程施工管理工作报告		√	√	√	√	√	√	施工单位
11	运行管理工作报告						√	√	运行管理单位
12	工程质量和安全监督报告				√	√	√	√	质安监督机构
13	竣工验收技术鉴定报告						*	*	技术鉴定单位
14	机组启动试运行计划文件				√				施工单位
15	机组试运行工作报告				√				施工单位
16	重大技术问题专题报告					*	*	*	项目法人

注 符号“√”表示“应提供”，符号“*”表示“宜提供”或“根据需要提供”。

表 2.5 **验收备查档案资料清单**

序号	资料名称	分部工程验收	单位工程验收	合同工程完工验收	机组启动验收	阶段验收	技术预验收	竣工验收	提供单位
1	前期工作文件及批复文件		√	√	√	√	√	√	项目法人
2	主管部门批文		√	√	√	√	√	√	项目法人
3	招标投标文件		√	√	√	√	√	√	项目法人
4	合同文件		√	√	√	√	√	√	项目法人
5	工程项目划分资料	√	√	√	√	√	√	√	项目法人
6	单元工程质量评定资料	√	√	√	√	√	√	√	施工单位
7	分部工程质量评定资料		√	*	√	√	√	√	项目法人
8	单位工程质量评定资料		√	*			√	√	项目法人
9	工程外观质量评定资料		√				√	√	项目法人
10	工程质量管理有关文件	√	√	√	√	√	√	√	参建单位
11	工程安全管理有关文件	√	√	√	√	√	√	√	参建单位
12	工程施工质量检验文件	√	√	√	√	√	√	√	施工单位
13	工程监理资料	√	√	√	√	√	√	√	监理单位
14	施工图设计文件		√	√	√	√	√	√	设计单位
15	工程设计变更资料	√	√	√	√	√	√	√	设计单位
16	竣工图纸		√	√		√	√	√	施工单位

续表

序号	资料名称	分部工程验收	单位工程验收	合同工程完工验收	机组启动验收	阶段验收	技术预验收	竣工验收	提供单位
17	征地移民有关文件		√			√	√	√	承担单位
18	重要会议记录	√	√	√	√	√	√	√	项目法人
19	质量缺陷备案表	√	√	√	√	√	√	√	监理机构
20	安全、质量事故资料	√	√	√	√	√	√	√	项目法人
21	阶段验收质量鉴定书						√	√	项目法人
22	竣工结算及审计资料						√	√	项目法人
23	工程建设中使用的技术标准	√	√	√	√	√	√	√	参建单位
24	工程建设标准强制性条文	√	√	√	√	√	√	√	参建单位
25	专项验收有关文件						√	√	项目法人
26	安全、技术鉴定报告					√	√	√	项目法人
27	其他档案资料	根据需要由有关单位提供							

注 符号"√"表示"应提供"，符号"*"表示"宜提供"或"根据需要提供"。

项目3　水利工程建设项目施工文件资料整编

水利工程施工、监理文件资料主要是依据验收规范《水利水电建设工程验收规程》(SL 223—2008)、《水利水电工程施工质量检验与评定规定》(SL 176—2007)、《水利工程施工监理规范》(SL 288—2014) 和《水利水电工程单元工程施工质量验收评定标准》(SL 631～SL 637—2012) 进行整编的。

施工单位应负责施工文件资料的管理工作，并明确本单位相关部门和人员的施工文件资料管理责任，做好施工文件资料的收集、整理和归档工作。

任务3.1　水利工程施工文件资料的组成与填写要求

【任务及目标】 本任务主要阐述施工单位在工程项目中所形成的主要文件表格资料名称及分类，并使学生了解施工文件表格资料的格式及具体的填写要求。

3.1.1　施工单位常用文件表格

水利工程施工文件形成的方式基本上是以上述规范、规程、规定中所含的标准表格形式显示，施工单位常用“CB”表格，监理单位用“JL”表格。本教材主要讲解各类表格的形成、整理和填写要求。表3.1为监理规范中施工单位常用的表格目录。

表3.1　承包人常用的表格目录

序号	表格名称	表格类型	序号	表格名称	表格类型
1	施工技术方案申报表	CB01	14	合同工程开工申请表	CB14
2	施工进度计划申报表	CB02	15	分部工程开工申请表	CB15
3	施工用图计划申报表	CB03		施工安全交底记录	CB15 附表1
4	资金流计划申报表	CB04		施工技术交底记录	CB15 附表2
5	施工分包申报表	CB05	16	工程设备采购计划报审表	CB16
6	现场组织机构及主要人员报审表	CB06	17	混凝土浇筑开仓报审表	CB17
7	原材料/中间产品进场报验单	CB07	18	____工序/单元工程施工质量报验单	CB18
8	施工设备进场报验单	CB08	19	施工质量缺陷处理方案报审表	CB19
9	工程预付款申请单	CB09	20	施工质量缺陷处理措施计划报审表	CB20
10	工程材料预付款报审表	CB10	21	事故报告单	CB21
11	施工放样报验单	CB11	22	暂停施工报审表	CB22
12	联合测量通知单	CB12	23	复工申请报审表	CB23
13	施工测量成果报验单	CB13	24	变更申报表	CB24

续表

序号	表格名称	表格类型	序号	表格名称	表格类型
25	施工进度计划调整申报表	CB25	42	原材料/中间产品检验月报表	CB34 附表 2
26	延长工期申报表	CB26	43	主要施工设备情况月报表	CB34 附表 3
27	变更项目价格申报表	CB27	44	现场人员情况月报表	CB34 附表 4
28	索赔意向通知	CB28	45	施工质量检测月汇总表	CB34 附表 5
29	索赔申请报告	CB29	46	施工质量缺陷月报表	CB34 附表 6
30	工程计量报验单	CB30	47	工程事故月报表	CB34 附表 7
31	计日工单价报审表	CB31	48	合同完成额月汇总表	CB34 附表 8
32	计日工工程量签证单	CB32	49	(一级项目）合同完成额月汇总表	CB34 附表 8-__
33	工程进度付款申请单	CB33			
34	工程进度付款汇总表	CB33 附表 1	50	主要实物工程量月汇总表	CB34 附表 9
35	已完工程量汇总表	CB33 附表 2	51	验收申请报告	CB35
36	合同分类分项项目进度付款明细表	CB33 附表 3	52	报告单	CB36
37	合同措施项目进度付款明细表	CB33 附表 4	53	回复单	CB37
38	变更项目进度付款明细表	CB33 附表 5	54	确认单	CB38
39	计日工项目进度付款明细表	CB33 附表 6	55	完工付款/最终结清申请单	CB39
40	施工月报表（　年　月）	CB34	56	工程交接申请表	CB40
41	原材料/中间产品使用情况月报表	CB34 附表 1	57	质量保证金退还申请表	CB41

从上面的表格目录可知，水利工程施工文件资料主要由开工文件资料、质量评定文件资料、材料与施工试验文件资料、计量与支付文件资料、施工日记或施工日报表、施工月报表、往来文函、验收文件资料组成，除此之外还有其他的施工管理、施工技术文件资料，如工程影像文件资料及竣工图纸等组成。

3.1.2　施工单位常用文件表格的填写规定

（1）可根据施工项目的规模和复杂程度，采用其中的部分或全部表格；如果表格种类不能满足工程实际需要时，可调整或增加表格。

（2）各表格脚注中所列单位和份数为基本单位和最少份数，工作中应根据具体情况和要求予以具体指定各类表格的报送单位和份数。

（3）相关单位都应明确文件的签收人。

（4）《CB01 施工技术方案申报表》可用于承包人向监理机构申报关于施工组织设计、施工措施计划、施工安全方案、施工工艺、专项试验计划等。

（5）承包人的施工质量检测月汇总表、工程事故月报表，除作为施工月报附表外，还应按有关要求另行单独填报。

（6）表格中凡属部门负责人签名的，项目经理都可签署；凡属监理工程师签名的，总监都可以签署；表格中签名栏为“总监理工程师/副总监理工程师”“总监理工程师/监理工程师”和“项目经理/技术负责人”的，可根据工程特点和管理要求视具体授权情况由相应人员签署。

3.1.3　施工文件资料的管理

（1）施工文件资料应实行报验、报审管理。施工过程中形成的文件资料应按报验、报审程序，通过相关施工单位审核后，才能报监理单位。

（2）施工文件资料的报验、报审应有时限性要求。工程相关各单位宜在合同中约定报验、报审文件资料的申报时间和审批时间，并约定应承担的责任。当无约定时，施工文件资料的申报、审批不得影响正常施工。

（3）建设工程实行总承包的，应在与分包单位签订施工合同中明确施工文件资料的移交套数、移交时间、质量要求及验收标准等。分包工程完工后，应将有关施工文件资料按约定移交。

任务3.2　水利工程开工文件资料的形成与整理

【任务及目标】 由于施工单位在合同工程、分部工程及单元工程开工时，都要向监理单位进行报批，因此本任务主要阐述施工单位在这些开工申请中所形成的文件内容及整理要求，使学生掌握施工单位资料员在此工作中所应准备的相关文件材料内容与类别，清楚各类工程开工的基本流程。

施工合同签订后，监理机构应经发包人同意后向承包人（施工单位）发出开工通知单，施工单位按照开工通知单确定的开工日期，要在开工前完成施工准备工作，建立组织机构与人员，组织材料与设备进场，完成施工技术文件的报审。完成合同工程开工准备后，应向监理机构提交《CB14 合同工程开工申请表》，监理机构在检查各项条件满足开工要求后，应批复承包人的合同工程开工申请。此类开工报审与批复文件资料的形成是由施工单位和监理单位共同完成的。

3.2.1　合同工程开工文件资料

3.2.1.1　合同工程开工主要文件资料的名称及表格类型

1. 施工单位形成的文件资料

（1）中标通知书、企业相关资质（营业执照、税务登记证、资质证书、组织机构代码证、安全生产许可证），此项需加盖公司印章。

（2）项目经理部的成立文件、项目经理部印章启用函及相关单位批复及盖章。

（3）施工单位申报的《CB14 合同工程开工申请表》。

（4）《CB01 施工技术方案申报表》。

（5）《CB02 施工进度计划申报表》。

（6）《CB03 施工用图计划申报表》。

（7）《CB06 现场组织机构及主要人员报审表》。

（8）《CB07 原材料/中间产品进场报验单》。

（9）《CB08 施工设备进场报验单》。

（10）《CB11 施工放样报验单》《CB12 联合测量通知单》和《CB13 施工测量成果报

验单》。

2. 监理单位形成的文件资料

(1) 监理单位下发的《JL01 合同工程开工通知》。

(2) 监理单位批复的《JL02 合同工程开工批复》。

(3) 监理单位批复通用表格《JL05 批复表》。

3.2.1.2 合同工程开工主要文件资料表格的内容与顺序整理

1. 合同工程开工通知

当施工合同签订后，施工准备工作基本就绪，监理单位要及时下发《合同工程开工通知》给施工单位，督促施工单位尽快提交《CB14 合同工程开工申请表》，早日正式开工，见表3.2。

表3.2 **JL01 合同工程开工通知**

(监理[ ]开工 号)

合同名称： 合同编号：

致承包人： 根据施工合同约定，现签发________合同工程开工通知。贵方在接到该通知后，及时调遣人员和施工设备、材料进场，完成各项施工准备工作，尽快提交《合同工程开工申请表》。 该合同工程开工日期为____年____月____日。 监 理 机 构：(名称及盖章) 总监理工程师：(签名) 日 期： 年 月 日
今已收到合同项目开工通知。 承包人：(现场机构名称及盖章) 签收人：(签名) 日 期： 年 月 日

说明：本表一式 4 份，由监理机构填写。承包人签收后，承包人 1 份、监理机构 1 份、发包人 1 份、设代机构 1 份。

2. 合同工程开工申请表

此表格是在收到监理单位下发的《JL01 合同工程开工通知》后，施工单位上报的开工请示表格文件。本表格的附件包括开工申请报告和已具备的开工条件证明文件（上述施工单位开出的申报表、报审表和报验单）等，见表3.3。

表 3.3　　　　　　　　CB14 合同工程开工申请表

（承包［　］合开工　　号）

合同名称：　　　　　　　　　　　　　　　　　　　　　合同编号：

致（监理机构）： 我方承担的______________合同工程，已完成了各项施工准备工作，具备了开工条件，现申请开工，请贵方审批。 附件：合同工程开工申请报告。 承 包 人：（现场机构名称及盖章） 项目经理：（签名） 日　　期：　　年　　月　　日
审核后另行批复。 监理机构：（名称及盖章） 签 收 人：（签名） 日　　期：　　年　　月　　日

说明：本表一式__4__份，由承包人填写。监理机构签收后，发包人__1__份、设代机构__1__份、监理机构__1__份、承包人__1__份。

3. 合同工程开工批复单

此批复表单是在《CB14 合同工程开工申请表》上报后至少 7 日内（特殊要求除外），监理单位回复的表格文件，见表 3.4。

表 3.4　　　　　　　　JL02 合同工程开工批复

（监理［　］合开工　　号）

合同名称：　　　　　　　　　　　　　　　　　　　　　合同编号：

致（承包人现场机构）： 贵方____年____月____日报送的□分部工程/□分部工程部分工作开工申请表（承包［　］合开工　号）已经通过审核，同意开工。 批复意见：（可附页） 监 理 机 构：（名称及盖章） 总监理工程师：（签名） 日　　　期：　　年　　月　　日
今已收到□分部工程/□分部工程部分工作的开工批复。 承 包 人：（现场机构名称及盖章） 项目经理：（签名） 日　　期：　　年　　月　　日

说明：本表一式__4__份，由监理机构填写。承包人签收后，承包人__1__份、监理机构__1__份、发包人__1__份、设代机构__1__份。

4. 施工技术方案申报表

当施工单位进入工地现场后，就要及时组织相关人员编制施工技术方案，以便指导后续施工作业。

《CB01 施工技术方案申报表》可用于承包人向监理机构申报关于施工组织设计、施工措施计划、专项施工方案、度汛方案、灾害应急预案、施工工艺试验方案、专项检测试验方案、工程测量施测方案、工程放样计划和方案、变更实施方案等需报请监理机构批准的方案。各方案均应有编写人、审批人，并且需签字确认手续完善，见表 3.5。

表 3.5　　CB01 施工技术方案申报表

（承包［　］技案　　号）

合同名称：　　　　　　　　　　　　　　　　合同编号：

致（监理机构）： 我方今提交＿＿＿＿＿＿＿＿工程（名称及编码）的： 附：□ 施工组织设计　　□ 施工措施计划 □专项施工方案　　□ 度汛方案 □ 灾害应急预案　　□ 施工工艺试验方案 □ 专项检测试验方案　　□ 工程测量施测方案 □ 工程放样计划和方案　　□ 变更实施方案 □ 请贵方审批。 承 包 人：（现场机构名称及盖章） 项目经理：（签名） 日　　期：　　年　　月　　日
监理机构将另行签发审批意见。 监理机构：（名称及盖章） 签 收 人：（签名） 日　　期：　　年　　月　　日

说明：本表一式＿4＿份，由承包人填写。监理机构签收后，发包人＿1＿份、设代机构＿1＿份、监理机构＿1＿份、承包人＿1＿份。

此文件表格必须在《CB14 合同工程开工申请表》提交前上报监理单位批准。监理机构用《JL05 批复表》进行批准后才能实施，见表 3.6。

5. 施工进度计划申报表

承包人应按施工合同约定的内容、期限和施工总进度计划的编制要求，编制施工总进度计划，报送监理机构批准。

此文件表格必须在《CB14 合同工程开工申请表》提交前上报监理单位批准。监理机构用《JL05 批复表》进行批准后才能实施。

此表格还可用于申报年度施工进度计划，季、月施工进度计划，以及单位工程或分部工程施工进度计划等，见表 3.7。

《CB02 施工进度计划申报表》中要有相关附件：施工进度计划、图表及说明书等文件资料。

表 3.6　　　　　　　　　　**JL05　批　复　表**

（监理［　］批复　　号）

合同名称：　　　　　　　　　　　　　　　　　　合同编号：

致（承包人现场机构）： 贵方于____年____月____日报送的____________________（文号____________），经监理机构审核，批复意见如下： 监理机构：（名称及盖章） 总监理工程师/监理工程师：（签名） 日　　期：　　年　　月　　日
今已收到监理［　］批复　　号。 承包人：（现场机构名称及盖章） 签收人：（签名） 日　期：　　年　　月　　日

说明：1. 本表一式_3_份，由监理机构填写。承包人签收后，发包人_1_份、监理机构_1_份、承包人_1_份。
2. 一般批复由监理工程师签发，重要批复由总监理工程师签发。

表 3.7　　　　　　　　　　**CB02 施工进度计划申报表**

（承包［　］进度　　号）

合同名称：　　　　　　　　　　　　　　　　　　合同编号：

致（监理机构）： 我方今提交____________________工程（名称及编码）的： □ 施工总进度计划 □ 年施工进度计划 □ 月施工进度计划 □ 专项施工进度计划（如度汛计划、赶工计划等） □ □ 请贵方审查。 附件：1. 施工进度计划 2. 图表、说明书共____页 3. 承　包　人：（现场机构名称及盖章） 项目经理：（签名） 日　　期：　　年　　月　　日
监理机构将另行签发审批意见。 监理机构：（名称及盖章） 签　收　人：（签名） 日　　期：　　年　　月　　日

说明：本表一式_4_份，由承包人填写。监理机构签收后，承包人_1_份、监理机构_1_份、发包人_1_份、设代机构_1_份。

6. 现场组织机构及主要人员报审表

《CB06 现场组织机构及主要人员报审表》是施工单位质量保证体系中重要的一环。上报的主要人员如果后期有变动，必须得到总监理工程师的批准。

此文件表格必须在《CB14 合同工程开工申请表》提交前上报监理单位审核。监理机构不须用《JL05 批复表》进行批复，直接在《CB06 现场组织机构及主要人员报审表》上签署审核意见，见表3.8。

表3.8　　CB06 现场组织机构及主要人员报审表

（承包［　］机构　　号）

合同名称：　　　　　　　　　　　　　　　　合同编号：

致（监理机构）： 现提交第____次现场机构及主要人员报审表，请贵方审核。 附件：1. 组织机构图 2. 部门职责及主要人员数量、分工 3. 人员清单及其资格或岗位证书 4. 承　包　人：（现场机构名称及盖章） 项目经理：（签名） 日　　期：　　年　　月　　日
审查意见： 监理机构：（名称及盖章） 总监理工程师/副总监理工程师：（签名） 日　　期：　　年　　月　　日

说明：本表一式__3__份，由承包人填写。监理机构审查后，承包人__1__份、监理机构__1__份、发包人__1__份。

此文件表格有如下附件：现场组织机构图、部门职责及主要人员数量及分工、投标相关人员资格证、岗位证、职称证等相关证件复印件等材料。

7. 原材料/中间产品进场报验单和施工设备进场报验单

工程中所用原材料/中间产品和施工设备是分期分批进入工地现场的，开始应能满足施工要求，以后每次进场可考虑施工需要存放，临近工程后期可适当放慢进料速度。主要原材料/中间产品和施工设备要按照进度要求进行分批报验，并在开工前完成相应部分的材料试验与报验工作。

此文件表格必须在《CB14 合同工程开工申请表》提交前上报监理单位审核。监理机构不需要用《JL05 批复表》进行批复，直接在《CB07 原材料/中间产品进场报验单》和《CB08 施工设备进场报验单》上签署审核意见，见表3.9和表3.10。

《CB07 原材料/中间产品进场报验单》文件表格有如下附件：原材料出厂合格证、检验报告、质量保证书等证明文件（合格证较小，需粘贴在空白A4纸上，然后附在后边）。

表3.9　**CB07 原材料/中间产品进场报验单**

（承包［　］材验　　号）

合同名称：　　　　　　　　　　　　　　　　　　　　合同编号：

致（监理机构）：

我方于____年____月____日进场的原材料/中间产品如下表。拟用于下述部位：

1. ____________；2. ____________；3. ____________。

经自检，符合合同要求，请贵方审核。

序号	原材料/中间产品名称	原材料/中间产品来源、产地	原材料/中间产品规格	用途	本批原材料/中间产品数量	承包人试验					
						试样来源	取样地点	取样日期	试验日期	试验结果	质检负责人
1											
2											
3											
4											

附件：1. 质量证明文件

2. 进场原材料/中间产品外观验收检查记录

3. 检测报告

承包人：（现场机构名称及盖章）

项目经理/技术负责人：（签名）

日　期：　　年　　月　　日

审核意见：

□ 同意进场使用

□ 不同意进场使用

理由：

监 理 机 构：（名称及盖章）

监理工程师：（签名）

日　　期：　　年　　月　　日

说明：本表一式__3__份，由承包人填写。监理机构审查后，发包人__1__份、监理机构__1__份、承包人__1__份。

《CB08 施工设备进场报验单》文件表格有如下附件：设备的相关照片、权属证明（如自有，需有购买合同或购买发票及凭证），租赁则需有租赁合同等证明文件。

8. 施工放样报验单、联合测量通知单和施工测量成果报验单

在设计技术交底完成，控制网点移交后，正式开工前，施工单位、监理单位、建设单

表 3.10

CB08 施工设备进场报验单

（承包［　］设备　　号）

合同名称：　　　　　　　　　　　　　　　　　　　　　　合同编号：

致（监理机构）：

我方于____年____月____日进场的施工设备如下表。拟用于________________的施工。

经自检，符合合同要求，请贵方审核。

序号	设备名称	规格型号	数量	进场日期	完好状况	设备权属	生产能力	备注
1								
2								
3								

附件：1. 进场施工设备照片

2. 进场施工设备生产许可证

3. 进场施工设备产品合格证（特种设备应提供安全鉴定证书）

4. 操作人员资格证

承包人：（现场机构名称及盖章）

项目经理/技术负责人：（签字）

日　期：　　年　　月　　日

审核意见：

☐同意进场使用

☐不同意进场使用

理由：

监 理 机 构：（名称及盖章）

监理工程师：（签名）

日　　期：　　年　　月　　日

说明：本表一式 3 份，由承包人填写。监理机构审查后，发包人 1 份、监理机构 1 份、承包人 1 份。

位代表参加，进行原地面、断面、高程控制点联合复测工作，在开工前完成施工放样，进行施工放样报验。

此文件表格必须在《CB14 合同工程开工申请表》提交前上报监理单位审核。监理机构在报验单上签署审核意见。

其中《CB11 施工放样报验单》（表 3.11）里要附测量放样资料，《CB12 联合测量通知单》见表 3.12，《CB13 施工测量成果报验单》（表 3.13）里要附测量成果（如断面图、测量数据记录等）。

表 3.11

CB11 施工放样报验单

（承包［　］放样　　号）

合同名称：　　　　　　　　　　　　　　　　　　　　合同编号：

致（监理机构）： 　　根据合同要求，我方已完成______________的施工放样工作，经自检合格，请贵方审核。			
序号或位置	工程或部位名称	放样内容	备　注
附件： 　□开挖或建筑物放样测量成果 　□金属结构安装放样测量成果 　□机电设备安装放样测量成果 　□ 承　包　人：（现场机构名称及盖章） 技术负责人：（签名） 日　　期：　年　月　日			
审核意见： 监 理 机 构：（名称及盖章） 监理工程师：（签名） 日　　期：　年　月　日			

说明：本表一式__3__份，由承包人填写。监理机构审查后，发包人__1__份、监理机构__1__份、承包人__1__份。

表 3.12

CB12 联合测量通知单

（承包［　］联测　　号）

合同名称：　　　　　　　　　　　　　　　　　　　　合同编号：

致（监理机构）： 　　根据合同约定和工程进度，我方拟进行工程测量工作，请贵方派员参加。 　　施测工程部位： 　　项目工作内容： 　　任务要点： 　　施测计划时间：____年____月____日至____年____月____日 承　包　人：（现场机构名称及盖章） 技术负责人：（签名） 日　　期：　年　月　日
□ 拟于____年____月____日派监理人员参加测量。 　□ 不派人参加联合测量，贵方测量后将测量结果报我方审核。 监 理 机 构：（全称及盖章） 监理工程师：（签名） 日　　期：　年　月　日

说明：本表一式__3__份，由承包人填写。监理机构签署后，发包人__1__份、监理机构__1__份、承包人__1__份。

表 3.13　　**CB13 施工测量成果报验单**

（承包［　］测量　　号）

合同名称：　　　　　　　　　　　　　　　　　　合同编号：

致（监理机构）：

我方已完成□施工控制测量/□工程计量测量/□地形测量/□施工期变形监测的施工测量工作，经自检合格，请贵方审核。

施测部位：

施测说明：

附件：

□施工控制测量	□工程计量测量	□地形测量	□施工期变形监测
1. 测量数据。 2. 数据分析及平差成果	1. 工程量计算表。 2. 断面图。 3. 其他。	1. 测量数据。 2. 数据分析及成果（数据处理方法，断面图或地形图）。	1. 观测数据。 2. 数据分析及评价。

承　包　人：（现场机构名称及盖章）
技术负责人：（签名）
日　　　期：　　年　　月　　日

审核意见：

监理机构：（名称及盖章）
监理工程师：（签名）
日　　　期：　　年　　月　　日

说明：本表一式 3 份，由承包人填写。监理机构审核后，发包人 1 份、监理机构 1 份、承包人 1 份。

3.2.2　分部工程开工文件资料

分部工程开工前（第一个分部开工日期应与《合同项目开工通知》上的日期是同一天），承包人应向监理机构报送《CB15 分部工程开工申请表》（表 3.14），经监理机构《JL03 分部工程开工批复》（表 3.15）文件批准后方可开工。

在施工单位申报分部工程开工申请时，同时要申报施工《CB15 附表 1 施工安全交底记录》（表 3.16）和《CB15 附表 2 施工技术交底记录》（表 3.17）两个文件表格。其他附件表格与合同工程开工的表格文件相近，如施工进度计划，附详细可行的分部工程施工进度计划横道图；分部工程施工工法（技术方案）；《原材料/构配件进场报验单》附用于该分部工程的进场的材料、构配件清单及自检结果；《施工放样报验单》附该分部工程的测量资料。

表 3.14　　**CB15 分部工程开工申请表**

（承包［　］分开工　　号）

合同名称：　　　　　　　　　　　　　　　　　　　合同编号：

<table>
<tr><td colspan="4">致（监理机构）：
__________□分部工程/□分部工程部分工作已具备开工条件，施工准备已就绪，请贵方审批。</td></tr>
<tr><td colspan="2">申请开工分部工程
名称、编码</td><td colspan="2"></td></tr>
<tr><td rowspan="12">承包人施工准备
工作自检记录</td><td>序号</td><td>检 查 内 容</td><td>检查结果</td></tr>
<tr><td>1</td><td>施工技术交底和安全交底情况</td><td></td></tr>
<tr><td>2</td><td>主要施工设备到位情况</td><td></td></tr>
<tr><td>3</td><td>施工安全、质量措施落实情况</td><td></td></tr>
<tr><td>4</td><td>工程设备检查验收情况</td><td></td></tr>
<tr><td>5</td><td>原材料、中间产品质量及准备情况</td><td></td></tr>
<tr><td>6</td><td>现场施工人员安排情况</td><td></td></tr>
<tr><td>7</td><td>风、水、电等必需的辅助生产设施准备情况</td><td></td></tr>
<tr><td>8</td><td>场地平整、交通、临时设施准备情况</td><td></td></tr>
<tr><td>9</td><td>测量放样情况</td><td></td></tr>
<tr><td>10</td><td>工艺试验情况</td><td></td></tr>
<tr><td></td><td></td><td></td></tr>
<tr><td colspan="4">附件：□分部工程施工措施计划　　　□分部工程进度计划
□确认的工艺试验成果　　　□施工安全交底记录
□施工技术交底记录
□申请开工部分工作清单（对分部工程部分工作开工情况）
□

承 包 人：（现场机构名称及盖章）
项目经理：（签名）
日　　期：　　年　　月　　日</td></tr>
<tr><td colspan="4">审核后另行批复。

监理机构（名称及盖章）：
签 收 人：（签名）
日　　期：　　年　　月　　日</td></tr>
</table>

说明：本表一式_4_份，由承包人填写。监理机构签收后，发包人_1_份、设代机构_1_份、监理机构_1_份、承包人_1_份。

表3.15　**JL03 分部工程开工批复**

（监理［　］分开工　　号）

合同名称：　　　　　　　　　　　　　　　　合同编号：

致（承包人现场机构）： 贵方____年____月____日报送的□分部工程/□分部工程部分工作开工申请表（承包［　］分开工　　号）已经通过审核，同意开工。 批复意见：（可附页） 监 理 机 构：（名称及盖章） 监理工程师：（签名） 日　　期：　　年　　月　　日
今已收到□分部工程/□分部工程部分工作的开工批复。 承 包 人：（现场机构名称及盖章） 项目经理：（签名） 日　　期：　　年　　月　　日

说明：本表一式__4__份，由监理机构填写。承包人签收后，承包人__1__份、监理机构__1__份、发包人__1__份、设代机构__1__份。

表3.16　**CB15 附表1 施工安全交底记录**

（承包［　］安交　　号）

合同名称：　　　　　　　　　　　　　　　　合同编号：

单位工程名称		承包人	
分部工程名称		施工内容	
主持人/交底人	/	时间/地点	/
1. 施工安全交底依据文件清单： （法律、法规、规章、工程建设标准强制性条文、合同文件、施工组织设计及施工措施计划中的安全技术措施、专项施工方案、施工现场临时用电方案等。） 2. 施工安全交底内容：			
施工安全交底记录： 记录人：			
与会人员签名：			

说明：可附页。

表3.17　　CB15附表2 施工技术交底记录

（承包[ ]技交　号）

合同名称：　　　　　　　　　　　　合同编号：

单位工程名称		承包人	
分部工程名称		施工内容	
主持人/交底人	/	时间/地点	/
1. 施工技术交底依据文件清单： （合同文件、工程建设标准强制性条文、施工图纸、施工组织设计、施工措施计划等。） 2. 施工技术交底内容： （设计要求和质量标准交底、作业指导书交底等。）			
施工技术交底记录： 记录人：			
与会人员签名：			

说明：可附页。

3.2.3 单元工程开工文件资料

第一个单元工程应在分部工程开工批准后开工，后续单元工程凭监理工程师签认的上一单元工程施工质量合格文件《CB18 ____工序/单元工程施工质量报验单》方可开工，见表3.18。

表3.18　　CB18 ____工序/单元工程施工质量报验单

（承包[ ]质报　号）

合同名称：　　　　　　　　　　　　合同编号：

致（监理机构）： ________________□工序/□单元工程已按合同要求完成施工，经自检合格，报请贵方复核。 附：□________________工序施工质量评定表 □________________工序施工质量检查、检测记录 □________________单元工程施工质量评定表 □________________单元工程施工质量检查、检测记录表 承　包　人：（现场机构名称及盖章） 质检负责人：（签名） 日　　期：　年　月　日

续表

<table>
<tr><td>监理机构
意见</td><td>复核结果：

□同意进入下一工序　　　　　□不同意进入下一工序
□同意进入下一单元工程　　　□不同意进入下一单元工程

监 理 机 构：（名称及盖章）
监理工程师：（签名）
日　　期：　　年　　月　　日</td></tr>
</table>

说明：本表一式__2__份，由承包人填写。监理机构复核后，监理机构__1__份、承包人__1__份。

特殊情况，如混凝土浇筑工程，监理机构应对承包人报送的《CB17 混凝土浇筑开仓报审表》进行审批，见表3.19。施工单位上报的开仓证必须附自检文件资料。

表 3.19　　CB17 混凝土浇筑开仓报审表

（承包［　］开仓　　号）

合同名称：　　　　　　　　　　　　　　　　合同编号：

<table>
<tr><td colspan="4">致（监理机构）：
我方下述工程混凝土浇筑准备工作已就绪，请贵方审批。</td></tr>
<tr><td colspan="2">单位工程名称</td><td></td><td>分部工程名称</td><td></td></tr>
<tr><td colspan="2">单元工程名称</td><td></td><td>单元工程编码</td><td></td></tr>
<tr><td rowspan="12">申
报
意
见</td><td>主要内容</td><td colspan="3">准 备 情 况</td></tr>
<tr><td>备料情况</td><td colspan="3"></td></tr>
<tr><td>施工配合比</td><td colspan="3"></td></tr>
<tr><td>检测准备</td><td colspan="3"></td></tr>
<tr><td>基面/施工缝处理</td><td colspan="3"></td></tr>
<tr><td>钢筋制安</td><td colspan="3"></td></tr>
<tr><td>模板支立</td><td colspan="3"></td></tr>
<tr><td>细部结构</td><td colspan="3"></td></tr>
<tr><td>预埋件（含止水安装、监测仪器安装）</td><td colspan="3"></td></tr>
<tr><td>混凝土系统准备</td><td colspan="3"></td></tr>
<tr><td colspan="4">附：自检资料

承　包　人：（现场机构名称及盖章）
现场负责人：（签名）
日　　期：　　年　　月　　日</td></tr>
<tr><td>监理
机构
意见</td><td colspan="4">审批意见：

监 理 机 构：（名称及盖章）
监理工程师：（签名）
日　　期：　　年　　月　　日</td></tr>
</table>

说明：本表一式__4__份，由承包人填写。监理机构审批后，发包人__1__份、设代机构__1__份、监理机构__1__份、承包人__1__份。

任务 3.3 水利工程施工质量评定与验收文件资料的形成与整理

【任务及目标】 质量控制是水利工程建设项目管理的核心内容，而质量评定验收又是工程建设质量控制的最后一道关卡，可提高工程质量，还可以提高施工单位的管理水平，因此该项工作尤为重要。本任务主要阐述施工单位在质量评定验收中所承担的任务与职责，详细讲解了施工单位在质量评定及验收过程中所需准备完成的各类文件材料的填写规定及收集、形成的具体要点，使学生掌握土建工程中施工单位在质量评定与验收过程中如何正确填写各类表格文件，并且能很好地整理、查验此类施工文件资料，清楚此项工作中的主要工作流程和方法。

3.3.1 水利工程质量评定与验收概述

3.3.1.1 工程质量评定

1. 评定的意义

工程质量评定，是依据国家或部门统一制定的现行标准和方法，对照具体施工项目的质量结果，确定其质量等级的过程。水利工程按《水利水电工程施工质量检验与评定规程》（SL 176—2007）（简称“评定标准”）执行，其意义在于统一评定标准、方法，正确反映工程的质量，使之具有可比性；同时也考核企业等级和技术水平，促进施工企业提高质量。

工程质量评定以单元工程质量评定为基础，其评定的先后次序是单元工程、分部工程和单位工程。

工程质量的评定在施工单位自评的基础上，由建设（监理）单位复核、认定，报政府质量监督机构核备或核定。

2. 评定依据

（1）国家及相关行业技术标准。

（2）《水利水电工程单元工程施工质量验收评定标准》（SL 631～SL 637，以下简称《单元工程评定标准》）。

（3）经批准的设计文件、施工图纸、金属结构设计图样与技术条件、设计修改通知书、厂家提供的设备安装说明书及有关技术文件。

（4）工程承包合同中约定的技术标准。

（5）工程施工期及试运行期的试验和观测分析成果。

3. 评定标准

水利水电工程单元工程施工质量验收评定执行以下标准：土石方工程（SL 631—2012），混凝土工程（SL 632—2012），地基处理与基础工程（SL 633—2012），堤防工程（SL 634—2012），水工金属结构安装工程（SL 635—2012），水轮发电机组安装工程（SL 636—2012）和水力机械辅助设备系统安装工程（SL 637—2012）。

分部工程质量评定、单位工程质量评定、合同工程质量评定执行《水利水电工程施工质量检验与评定规定》(SL 176—2007)的要求。

(1)单元工程。

1)单元(工序)工程施工质量合格标准应按照《单元工程评定标准》或合同约定的合格标准执行。当达不到合格标准时，应及时处理。处理后的质量等级应按下列规定重新确定：

a. 全部返工重做的，可重新评定质量等级。

b. 经加固补强并经设计和监理单位鉴定能达到设计要求时，其质量评为合格。

c. 处理后的工程部分质量指标仍达不到设计要求时，经设计复核，项目法人及监理单位确认能满足安全和使用功能要求，可不再进行处理；或经加固补强后，改变了外形尺寸或造成工程永久性缺陷的，经项目法人、监理和设计单位确认能基本满足设计要求，其质量可定为合格，但应按规定进行质量缺陷备案。

2)单元(工序)工程施工质量优良标准应按照《单元工程评定标准》以及合同约定的优良标准执行。全部返工重做的单元工程，经检验达到优良标准时，可评为优良等级。

3)不同的工程项目其单元(工序)合格与优良标准是不同的，详见“3.3.2 工程施工质量评定文件资料的形成与收集”部分中的填写工序表格文件时要注意的问题。

(2)分部工程。

1)分部工程施工质量同时满足下列标准时，其质量评为合格：

a. 所含单元工程的质量全部合格，质量事故及质量缺陷已按要求处理，并经检验合格。

b. 原材料、中间产品及混凝土(砂浆)试件质量全部合格，金属结构及启闭机制造质量合格，机电产品质量合格。

2)分部工程施工质量同时满足下列标准时，其质量评为优良：

a. 所含单元工程的质量全部合格，其中70%以上达到优良等级；重要隐蔽单元工程和关键部位单元工程质量优良率达到90%以上，且未发生过质量事故。

b. 中间产品全部合格，混凝土(砂浆)试件质量达到优良等级(当试件组数小于30组时，试件质量合格)，原材料质量、金属结构及启闭机制造质量合格，机电产品质量合格。

(3)单位工程。

1)单位工程施工质量同时满足下列标准时，其质量评定为合格：

a. 所含分部工程质量全部合格。

b. 质量事故已按要求进行处理。

c. 工程外观质量得分率达到70%以上。

d. 单位工程施工质量检验与评定资料基本齐全。

e. 工程施工期及试运行期，单位工程观测资料分析结果符合国家和行业技术标准以及合同约定的标准要求。

2)单位工程施工质量同时满足下列标准时，其质量评定为优良：

a. 所含分部工程质量全部合格，其中70%以上达到优良等级；主要分部工程质量全部优良，且施工中未发生过较大质量事故。

b. 质量事故已按要求进行处理。

c. 外观质量得分率达到 85%以上。

d. 单位工程施工质量检验与评定资料齐全。

e. 工程施工期及试运行期，单位工程观测资料分析结果符合国家和行业技术标准以及合同约定的标准要求。

(4) 工程项目。

1) 工程项目施工质量同时满足下列标准时，其质量评为合格：

a. 单位工程质量全部合格。

b. 工程施工期及试运行期，各单位工程观测资料分析结果均符合国家和行业技术标准以及合同约定的标准要求。

2) 工程项目施工质量同时满足下列标准时，其质量评为优良：

a. 单位工程质量全部合格，其中 70%以上单位工程质量达到优良等级，且主要单位工程质量全部优良。

b. 工程施工期及试运行期，各单位工程观测资料分析结果均符合国家和行业技术标准以及合同约定的标准要求。

3.3.1.2　工程质量验收

在项目 2 中我们已介绍过工程验收的主要内容，并知道水利水电建设工程验收是依据《水利水电建设工程验收规程》(SL 223—2008) 进行。按验收主持单位可分为法人验收和政府验收，这里不再详述。

3.3.1.3　工程质量评定与工程验收的区别

《水利水电建设工程验收规程》(SL 223—2008) 已明确规定，质量评定只是工程验收的内容之一。单元（工序）工程质量是“评定”等级，分部工程及以上是“验收”（包括质量评定），因此，单元（工序）工程应表达为“质量评定”而不是“质量验收”，要避免混淆。

工程质量评定与工程验收的相同点在于都是对工程质量进行评定和评价，不同点见表 3.20。

表 3.20　工程质量评定与工程验收的不同点

项目	工程质量评定	工　程　验　收
依据	按国家和各部委规定统一质量检验标准及评定方法对工程质量进行等级评定	依据有关法律、规章和技术标准、主管部门有关文件、批准的设计文件及相应设计变更，修改文件、施工合同，监理签发的施工图纸和说明，设备技术说明等
内容	只是对施工质量进行检查、评定与校验，评定其工程质量等级	1. 检查工程是否按照批准的设计进行建设； 2. 检查已完工程在设计、施工、设备制造安装等方面的质量，并对验收遗留问题提出处理要求； 3. 检查工程是否具备运行或进行下一阶段建设条件； 4. 总结工程建设中的经验教训，并对工程作出评价； 5. 及时移交工程，尽早发挥投资效益
组织机构	只是施工单位、建设（监理）单位和质量监督单位分层次的评定、复核，核定其工程质量等级	根据验收阶段分别组织验收工作组或验收委员会，其成员除参与工程建设有关各方人员外，还有运行管理单位和有关上级主管部门人员参加
成果	工程质量评定（估）意见	分部工程验收成果是签证；单位工程、阶段验收、竣工验收成果是鉴定书

3.3.2　工程施工质量评定文件资料的形成与收集

3.3.2.1　工序施工质量验收与评定

1. 基本规定

质量评定要严格按照2016版水利水电工程施工质量《水利水电工程单元工程施工质量验收评定表及填表说明》规定填写。

根据施工过程质量控制的需要，单元工程又可分为划分工序和不划分工序两种情况。工序是按施工的先后顺序将单元工程划分成的若干个具体施工过程或施工步骤。对单元工程质量影响较大的工序称为主要工序。单元工程，一是直接在工序验收评定合格的基础上进行；二是未划分工序的，按检验项目直接验收评定。

工序和单元工程施工质量验收评定表及其备查文件的制备由工程施工单位负责，其规格宜采用国际标准A4幅面（210mm×297mm），验收评定表一式4份，备查文件一式2份，其中验收评定表及其备查文件各1份由监理单位保存，其余应由施工单位保存。

2. 填表规定

《水利水电工程单元工程施工质量验收评定表及填表说明》（简称《质评表》）是检验与评定施工质量及工程验收的基础文件资料，是施工质量控制过程的真实反映，也是进行工程维修和事故处理的重要凭证。工程竣工验收后，《质评表》作为档案文件资料长期保存。

（1）单元（工序）工程施工质量验收评定应在熟练掌握《水利水电工程单元工程施工质量验收评定标准》（SL 631～SL 637—2012、SL 638～SL 639—2013）和有关工程施工规程规范及相关规定的基础上进行。单元（工序）工程完工后，在规定时间内按现场检验结果及时、客观、真实地填写《质评表》。

（2）现场检验应遵循随机布点与监理工程师现场指定区位相结合的原则，检验方法及数量应符合SL 631～SL 639标准和相关规定。验收评定表与备查文件的制备规格采用国际标准A4幅面（210mm×297mm）。验收评定表一式4份，签字、复印后盖章；备查文件一式2份。手签1份（原件）单独装订。单元工程和工序质评表可以加盖工程项目经理部章和工程监理部章。

（3）验收评定表中的检验（检查、检测）记录可以使用黑色水笔手写，字迹应清晰工整；也可以使用激光打印机打印，输入内容的字体应与表格固有字体不同，以示区别，字号相同或相近，匀称为宜。质量意见、质量结论及签字部分（包括日期）不可打印。施工单位的三检文件资料和监理单位的现场检测文件应使用黑色水笔手写，字迹清晰工整。应使用国家正式公布的简化汉字，不得使用繁体字。应横排填写具体内容，可以根据版面的实际需要进行适当处理。

（4）计算数值应符合《数值修约规则与极限数值的表示和判定》（GB/T 8170—2008）要求。数据使用阿拉伯数字，使用法定计量单位及其符号。数据与数据之间用逗号（,）隔开，小数点要用圆点（.）。经计算得出的合格率用百分数表示，小数点后保留1位，如果为整数，则小数点后以0表示。日期用数字表达，年份不得简写。修改错误时使用杠改，再在右上方填写正确的文字或数字，不应涂抹或使用改正液、橡皮擦、刀片刮等不标准方法修改。

(5) 表头空格线上填写工程项目名称，如“小浪底水利枢纽工程”。表格内的单位工程、分部工程、单元工程名称，按项目划分确定的名称填写。单元工程部位可用桩号（长度）、高程（高度）、到轴线或到中心线的距离（宽度）表示，使该单元从三维空间上受控，必要时附图示意。“施工单位”栏应填写与项目法人签订承包合同的施工单位全称。有电子档案管理要求的，可根据工程需要对单位工程、分部工程、单元工程及工序进行统一编号，否则，“工序编号”栏可不填写。

(6) 当遇有选择项目（项次）时，如钢筋的连接方式、预埋件的结构型式等不发生的项目（项次），在检查记录栏画“/”。

(7) 凡检验项目的“质量要求”栏中为“符合设计要求”者，应填写设计要求的具体设计指标，检查项目应注明设计要求的具体内容，如内容较多可简要说明；凡检验项目的“质量要求”栏中为“符合规范要求”者，应填写出所执行的规范名称和编号、条款。“质量要求”栏中的“设计要求”，包括设计单位的设计文件，也包括经监理批准的施工方案、设备技术文件等有关要求。

(8) 检验（检查、检测）记录应真实、准确，检测结果中的数据为终检数据，并在施工单位自评意见栏中由终检负责人签字。检测结果可以是实测值，也可以是偏差值，填写偏差值时必须附实测记录。对于主控项目中的检查项目，检查结果应完全符合质量要求，其检验点的合格率按 100%计。对于一般项目中的检查项目，检查结果若基本符合质量要求，其检验点的合格率按 70%计；检查结果若符合质量要求，其检验点的合格率按 90%计。

(9) 监理工程师复核质量等级时，对施工单位填写的质量检验文件资料或质量等级如有不同意见，在“质量等级”栏填写核定的质量等级并签字。所有签字人员必须本人签字，不得由他人代签，同时填写签字的实际日期。

(10) 单元、工序中涉及的备查文件资料表格，如 SL 631～SL 639 标准或施工规范有具体格式要求的，则按有关要求执行；否则，由项目法人组织监理、设计及施工单位根据设计要求，制定相应的备查文件表格。对重要隐蔽单元工程和关键部位单元工程的施工质量验收评定应由设计、建设等单位的代表签字，具体要求应满足《水利水电工程施工质量检验与评定规程》(SL 176—2007) 的规定。

3. 工序施工质量验收评定程序

(1) 施工单位应首先对已经完成的工序施工质量按本标准进行自检，并做好检验记录。

(2) 施工单位自检合格后，应填写工序施工质量验收评定表（表 3.21～表 3.29），质量责任人履行相应签认手续后，向监理单位申请复核。

(3) 监理单位收到申请后，应在 4 小时内进行复核。复核应包括下列内容：

1) 核查施工单位报验文件资料是否真实、齐全。

2) 结合平行检测和跟踪检测结果等，复核工序施工质量检验项目是否符合本标准的要求。

3) 在施工单位提交的工序施工质量验收评定表中填写复核记录，并签署工序施工质量评定意见，核定工序施工质量等级，相关责任人履行相应签认手续。

4. 工序施工质量验收评定形成的文件

(1) 施工单位报验时，应提交下列文件资料：

1) 施工单位三检表。

2) 工序中各施工质量检验项目的检验文件。

3) 施工单位自检完成后，填写的工序施工质量验收评定表。

(2) 监理单位应提交下列文件：

1) 监理单位对工序中施工质量检验项目的平行检测文件资料。

2) 监理工程师签署质量复核意见的工序施工质量验收评定表。

5. 工序施工质量验收文件资料整理

(1) 工序报验单。只要是单元（工序）评定，前面必须附工序报验单（《CB18 ____ 工序/单元工程施工质量报验单》，表 3.18）。其他的单元（工序）施工质量验收评定提交的文件，只是它的附件。特别注意，工序报验单也是下一单元（工序）开工的确认文件。

(2) 检验项目的检验文件。如各类材料、工艺等试验报告单等和监理单位对工序中施工质量检验项目的平行检测文件资料等。备查文件也含影像文件资料。

(3) 施工单位三检表。各班、组的初检记录、施工队复检记录、施工单位专职质检员终验记录。此文件表格由施工单位制定并报监理机构确认。

(4) 将检验项目的检验文件和施工单位三检表整理汇总进行工序质量评定，施工单位在自检该工序合格后报现场监理工程师，监理工程师根据平行检验或跟踪检验文件资料进行复核，复核合格后签署质量复核意见，形成各工序施工质量评定表。最后以工序报验单文件表格上报监理单位，确认可否进入下一工序施工。

6. 工序质量标准（以土建工程为例）

(1) 合格等级标准：

1) 主控项目，检验结果应全部符合 SL 632—2012 的要求。

2) 一般项目，逐项应有 70%及以上的检验点合格，且不合格点不应集中分布。

3) 各项报验文件资料应符合 SL 632—2012 的要求。

(2) 优良等级标准：

1) 主控项目，检验结果应全部符合 SL 632—2012 的要求。

2) 一般项目，逐项应有 90%及以上的检验点合格，且不合格点不应集中分布。

3) 各项报验文件资料应符合 SL 632—2012 的要求。

7. 各工序施工质量验收评定表格文件（以混凝土工程为例）

(1) 普通混凝土基础面及施工缝处理工序施工质量验收评定文件表格（表 3.21、表 3.22）。

(2) 普通混凝土模板制作及安装工序施工质量验收评定文件表格（表 3.23）。

本表适用于定型或现场装配式钢、木模板等的制作及安装；对于特种模板（镶面模板、滑升模板、拉模及钢模台车等）除应符合 SL 632—2012 的要求外，还应符合有关技术标准和设计要求等的规定。

____________工程

表 3.21　　普通混凝土基础面处理工序施工质量验收评定表

<table>
<tr><td colspan="3">单位工程名称</td><td></td><td>工序编号</td><td colspan="3"></td></tr>
<tr><td colspan="3">分部工程名称</td><td></td><td>施工单位</td><td colspan="3"></td></tr>
<tr><td colspan="3">单元工程名称、部位</td><td></td><td>施工日期</td><td colspan="3">年 月 日— 年 月 日</td></tr>
<tr><td>项次</td><td colspan="2">检验项目</td><td>质 量 要 求</td><td colspan="2">检 查 记 录</td><td>合格数</td><td>合格率</td></tr>
<tr><td rowspan="3">主控项目</td><td rowspan="2">1</td><td>山石基</td><td>符合设计要求</td><td colspan="2"></td><td></td><td></td></tr>
<tr><td>软基</td><td>预留保护层已挖除；基础面符合设计要求</td><td colspan="2"></td><td></td><td></td></tr>
<tr><td>2</td><td>地表水和地下水</td><td>妥善引排或封堵</td><td colspan="2"></td><td></td><td></td></tr>
<tr><td>一般项目</td><td>1</td><td>岩面清理</td><td>符合设计要求；清洗洁净，无积水、无积渣杂物</td><td colspan="2"></td><td></td><td></td></tr>
<tr><td>施工单位自评意见</td><td colspan="7">主控项目检验点全部合格，一般项目逐项检验点的合格率均不小于____%，且不合格点不集中分布，各项报验资料____ SL 632—2012 的要求。

工序质量等级评定为：__________。

（签字，加盖公章）　年　月　日</td></tr>
<tr><td>监理单位复核意见</td><td colspan="7">经复核，主控项目检验点全部合格，一般项目逐项检验点的合格率均不小于____%，且不合格点不集中分布，各项报验资料____ SL 632—2012 的要求。

工序质量等级评定为：__________。

（签字，加盖公章）　年　月　日</td></tr>
</table>

____________工程

表 3.22　　普通混凝土施工缝处理工序施工质量验收评定表

<table>
<tr><td colspan="3">单位工程名称</td><td></td><td>工序编号</td><td colspan="3"></td></tr>
<tr><td colspan="3">分部工程名称</td><td></td><td>施工单位</td><td colspan="3"></td></tr>
<tr><td colspan="3">单元工程名称、部位</td><td></td><td>施工日期</td><td colspan="3">年 月 日— 年 月 日</td></tr>
<tr><td>项次</td><td colspan="2">检验项目</td><td>质 量 要 求</td><td colspan="2">检 查 记 录</td><td>合格数</td><td>合格率</td></tr>
<tr><td rowspan="2">主控项目</td><td>1</td><td>施工缝的留置位置</td><td>符合设计或有关施工规范规定</td><td colspan="2"></td><td></td><td></td></tr>
<tr><td>2</td><td>施工缝面凿毛</td><td>基面无乳皮，成毛面，微露粗砂</td><td colspan="2"></td><td></td><td></td></tr>
<tr><td>一般项目</td><td>1</td><td>缝面清理</td><td>符合设计要求；清洗洁净、无积水、无积渣杂物</td><td colspan="2"></td><td></td><td></td></tr>
</table>

续表

施工单位自评意见	主控项目检验点全部合格，一般项目逐项检验点的合格率均不小于____%，且不合格点不集中分布，各项报验资料____SL 632—2012的要求。 工序质量等级评定为：________________。 （签字，加盖公章）　年　月　日
监理单位复核意见	经复核，主控项目检验点全部合格，一般项目逐项检验点的合格率均不小于____%，且不合格点不集中分布，各项报验资料____SL 632—2012的要求。 工序质量等级评定为：________________。 （签字，加盖公章）　年　月　日

________________工程

表3.23　　普通混凝土模板制作及安装工序施工质量验收评定表

单位工程名称				工序编号			
分部工程名称				施工单位			
单元工程名称、部位				施工日期	年　月　日— 年　月　日		
项次		检验项目		质量要求	检查记录	合格数	合格率
主控项目	1	稳定性、刚度和强度		满足混凝土施工荷载要求，并符合模板设计要求			
	2	承重模板底面高程		允许偏差0～+5mm			
	3	排架、梁、板、柱、墙、墩	结构断面尺寸	允许偏差±10mm			
			轴线位置	允许偏差±10mm			
			垂直度	允许偏差5mm			
	4	结构物边线与设计边线	外露表面	内模板：允许偏差0～+10mm； 外模板：允许偏差−10～0mm			
			隐蔽内面	允许偏差15mm			
	5	预留孔、洞尺寸及位置	孔、洞尺寸	允许偏差0～+10mm			
			孔洞位置	允许偏差±10mm			
一般项目	1	相邻两板面错台	外露表面	钢模：允许偏差2mm； 木模：允许偏差3mm			
			隐蔽内面	允许偏差5mm			
	2	局部平整度	外露表面	钢模：允许偏差3mm； 木模：允许偏差5mm			
			隐蔽内面	允许偏差10mm			
	3	板面缝隙	外露表面	钢模：允许偏差1mm； 木模：允许偏差2mm			
			隐蔽内面	允许偏差2mm			
	4	结构物水平断面内部尺寸		允许偏差±20mm			

续表

项次		检验项目	质量要求	检查记录	合格数	合格率
一般项目	5	脱模剂涂刷	产品质量符合标准要求，涂刷均匀，无明显色差			
	6	模板外观	表面光洁、无污物			
施工单位自评意见	主控项目检验点全部合格，一般项目逐项检验点的合格率均不小于____%，且不合格点不集中分布，各项报验资料____ SL 632—2012 的要求。 工序质量等级评定为：________________。 （签字，加盖公章）　年　月　日					
监理单位复核意见	经复核，主控项目检验点全部合格，一般项目逐项检验点的合格率均不小于____%，且不合格点不集中分布，各项报验资料____ SL 632—2012 的要求。 工序质量等级评定为：________________。 （签字，加盖公章）　年　月　日					

（3）普通混凝土钢筋制作及安装工序施工质量验收评定文件表格（表 3.24）。

钢筋进场时应逐批（炉号）进行检验，应查验产品合格证、出厂检验报告和外观质量并记录，并按相关规定抽取试样进行力学性能检验，不符合标准规定的不应使用。

________________工程

表 3.24　　　　普通混凝土钢筋制作及安装工序施工质量验收评定表

单位工程名称		工序编号	
分部工程名称		施工单位	
单元工程名称、部位		施工日期	年　月　日— 年　月　日

项次		检验项目				质量要求	检查记录	合格数	合格率
主控项目	1	钢筋的数量、规格尺寸、安装位置				符合质量标准和设计的要求			
	2	钢筋接头的力学性能				符合规范要求和国家及行业有关规定			
	3	焊接接头和焊缝外观				不允许有裂缝、脱焊点、漏焊点，表面平顺，没有明显的咬边、凹陷、气孔等，钢筋不应有明显烧伤			
	4	钢筋连接	电弧焊	帮条对焊接头中心		纵向偏移差不大于 $0.5d$			
				接头处钢筋轴线的曲折		$\leqslant 4°$			
				焊缝	长度	允许偏差 $-0.5d$			
					宽度	允许偏差 $-0.1d$			
					高度	允许偏差 $-0.05d$			
					表面气孔夹渣	在 $2d$ 长度上数量不多于 2 个；气孔、夹渣的直径不大于 3mm			

续表

项次		检验项目				质量要求	检查记录	合格数	合格率
主控项目	4	钢筋连接	对焊及熔槽焊	焊接接头根部未焊透深度	ϕ25～40mm 钢筋	≤0.15d			
					ϕ40～70mm 钢筋	≤0.10d			
				接头处钢筋中心线的位移		0.10d 且不大于 2mm			
				蜂窝、气孔、非金属杂质		焊缝表面（长为 2d）和焊缝截面上不多于 3 个，且每个直径不大于 1.5mm			
			绑扎连接	缺扣、松扣		≤20%，且不集中			
				弯钩朝向正确		符合设计图纸			
				搭接长度		允许偏差－0.05mm 设计值			
			机械连接	带肋钢筋冷挤压连接接头	压痕处套筒外形尺寸	挤压后套筒长度应为原套筒长度的 1.10～1.15 倍，或压痕处套筒的外径波动范围为原套筒外径的 0.8～0.9 倍			
					挤压道次	符合型式检验结果			
					接头弯折	≤4°			
					裂缝检查	挤压后肉眼观察无裂缝			
				直（锥）螺纹连接接头	丝头外观质量	保护良好，无锈蚀和油污，牙形饱满光滑			
					套头外观质量	无裂纹或其他肉眼可见缺陷			
					外露丝扣	无 1 扣以上完整丝扣外露			
					螺纹匹配	丝头螺纹与套筒螺纹满足连接要求，螺纹结合紧密，无明显松动，以及相应处理方法得当			
	5	钢筋间距				无明显过大过小的现象			
	6	保护层厚度				允许偏差±1/4 净保护层厚			
一般项目	1	钢筋长度方向				允许偏差±1/2 净保护层厚			
	2	同一排受力钢筋间距			排架、柱、梁	允许偏差±0.5d			
					板、墙	允许偏差±0.1 倍间距			
	3	双排钢筋，其排与排间距				允许偏差±0.1 倍排距			
	4	梁与柱中箍筋间距				允许偏差±0.1 倍箍筋间距			

续表

<table>
<tr><td>施工单位自评意见</td><td>主控项目检验点全部合格，一般项目逐项检验点的合格率均不小于____%，且不合格点不集中分布，各项报验资料____ SL 632—2012 的要求。

工序质量等级评定为：________________。

（签字，加盖公章） 年 月 日</td></tr>
<tr><td>监理单位复核意见</td><td>经复核，主控项目检验点全部合格，一般项目逐项检验点的合格率均不小于____%，且不合格点不集中分布，各项报验资料____ SL 632—2012 的要求。

工序质量等级评定为：________________。

（签字，加盖公章） 年 月 日</td></tr>
</table>

（4）普通混凝土预埋件制作及安装工序施工质量验收评定文件表格（表 3.25）。

1）水工混凝土中的预埋件包括止水、伸缩缝（填充材料）、排水系统、冷却及灌浆管路、铁件、安全监测设施等。在施工中应进行全过程检查和保护，防止移位、变形、损坏及堵塞。

2）预埋件的结构型式、位置、尺寸及材料的品种、规格、性能等应符合设计要求和有关标准。所有预埋件都应进行材质证明检查，需要抽检的材料应按有关规范进行。

________________工程

表 3.25　　普通混凝土预埋件制作及安装工序施工质量验收评定表

<table>
<tr><td colspan="4">单位工程名称</td><td colspan="2"></td><td>工序编号</td><td colspan="2"></td></tr>
<tr><td colspan="4">分部工程名称</td><td colspan="2"></td><td>施工单位</td><td colspan="2"></td></tr>
<tr><td colspan="4">单元工程名称、部位</td><td colspan="2"></td><td>施工日期</td><td colspan="2">年 月 日— 年 月 日</td></tr>
<tr><td colspan="3">项次</td><td colspan="2">检验项目</td><td>质量要求</td><td>检查记录</td><td>合格数</td><td>合格率</td></tr>
<tr><td rowspan="12">止水片、止水带</td><td rowspan="5">主控项目</td><td>1</td><td colspan="2">片（带）外观</td><td>表面平整，无浮皮、锈污、油渍、砂眼、钉孔、裂纹等</td><td></td><td></td><td></td></tr>
<tr><td>2</td><td colspan="2">基座</td><td>符合设计要求（按基础面要求验收合格）</td><td></td><td></td><td></td></tr>
<tr><td>3</td><td colspan="2">片（带）插入深度</td><td>符合设计要求</td><td></td><td></td><td></td></tr>
<tr><td>4</td><td colspan="2">沥青井（柱）</td><td>位置准确、牢固，上下层衔接好，电热元件及绝热材料埋设准确，沥青填塞密实</td><td></td><td></td><td></td></tr>
<tr><td>5</td><td colspan="2">接头</td><td>符合工艺要求</td><td></td><td></td><td></td></tr>
<tr><td rowspan="7">一般项目</td><td rowspan="3">1</td><td rowspan="3">片（带）偏差</td><td>宽</td><td>允许偏差±5mm</td><td></td><td></td><td></td></tr>
<tr><td>高</td><td>允许偏差±2mm</td><td></td><td></td><td></td></tr>
<tr><td>长</td><td>允许偏差±20mm</td><td></td><td></td><td></td></tr>
<tr><td rowspan="3">2</td><td rowspan="3">搭接长度</td><td>金属止水片</td><td>≥20mm，双面焊接</td><td></td><td></td><td></td></tr>
<tr><td>橡胶、PVC 止水带</td><td>≥100mm</td><td></td><td></td><td></td></tr>
<tr><td>金属止水片与 PVC 止水带接头栓接长度</td><td>≥350mm（螺栓栓接法）</td><td></td><td></td><td></td></tr>
<tr><td>3</td><td colspan="2">片（带）中心线与接缝中心线安装偏差</td><td>允许偏差±5mm</td><td></td><td></td><td></td></tr>
</table>

续表

项次			检验项目	质量要求	检查记录	合格数	合格率
伸缩缝（填充材料）	主控项目	1	伸缩缝缝面	平整、顺直、干燥，外露铁件应割除，确保伸缩有效			
	一般项目	1	涂敷沥青料	涂刷均匀平整、与混凝土黏结紧密，无气泡及隆起现象			
		2	粘贴沥青油毛毡	铺设厚度均匀平整、牢固、搭接紧密			
		3	铺设预制油毡板或其他闭缝板	铺设厚度均匀平整、牢固、相邻块安装紧密平整无缝			
排水系统	主控项目	1	孔口装置	按设计要求加工、安装，并进行防锈处理，安装牢固，不应有渗水、漏水现象			
		2	排水管通畅性	通畅			
	一般项目	1	排水孔倾斜度	允许偏差4%			
		2	排水孔（管）位置	允许偏差100mm			
		3	基岩排水孔 倾斜度 孔深不小于8m	允许偏差1%			
			基岩排水孔 倾斜度 孔深小于8m	允许偏差2%			
			基岩排水孔 深度	允许偏差±0.5%			
冷却及灌浆管路	主控项目	1	管路安装	安装牢固、可靠，接头不漏水、不漏气、无堵塞			
	一般项目	1	管路出口	露出模板外300～500mm，妥善保护，有识别标志			
铁件	主控项目	1	高程、方位、埋入深度及外露长度等	符合设计要求			
	一般项目	1	铁件外观	表面无锈皮、油污等			
		2	锚筋钻孔位置 梁、柱的锚筋	允许偏差20mm			
			锚筋钻孔位置 钢筋网的锚筋	允许偏差50mm			
		3	钻孔底部的孔径	锚筋直径 d+20mm			
		4	钻孔深度	符合设计要求			
		5	钻孔的倾斜度相对设计轴线	允许偏差5%（在全孔深度范围内）			

续表

施工单位自评意见	主控项目检验点全部合格，一般项目逐项检验点的合格率均不小于____%，且不合格点不集中分布，各项报验资料____SL 632—2012的要求。 工序质量等级评定为：________________。 （签字，加盖公章）　　年　月　日
监理单位复核意见	经复核，主控项目检验点全部合格，一般项目逐项检验点的合格率均不小于____%，且不合格点不集中分布，各项报验资料____SL 632—2012的要求。 工序质量等级评定为：________________。 （签字，加盖公章）　　年　月　日

（5）普通混凝土浇筑工序施工质量验收评定文件表格（表3.26）。

所选用的混凝土浇筑设备能力应与浇筑强度相适应，确保混凝土施工的连续性。

________________工程

表3.26　　普通混凝土浇筑工序施工质量验收评定表

单位工程名称			工序编号		
分部工程名称			施工单位		
单元工程名称、部位			施工日期	年　月　日— 年　月　日	

项次		检验项目	质量要求	检查记录	合格数	合格率
主控项目	1	入仓混凝土料	无不合格料入仓。如有少量不合格料入仓，应及时处理至达到要求			
	2	平仓分层	厚度不大于振捣棒有效长度的90%，铺设均匀，分层清楚，无骨料集中现象			
	3	混凝土振捣	振捣器垂直插入下层5cm，有次序，间距、留振时间合理，无漏振、无超振			
	4	铺筑间歇时间	符合要求，无初凝现象			
	5	浇筑温度（指有温控要求的混凝土）	满足设计要求			
	6	混凝土养护	表面保持湿润；连续养护时间基本满足设计要求			
一般项目	1	砂浆铺筑	厚度宜为2～3cm，均匀平整，无漏铺			
	2	积水和泌水	无外部水流入，泌水排除及时			
	3	插筋、管路等埋设件以及模板的保护	保护好，符合设计要求			
	4	混凝土表面保护	保护时间、保温材料质量符合设计要求			
	5	脱模	脱模时间符合施工技术规范或设计要求			

续表

施工单位自评意见	主控项目检验点全部合格，一般项目逐项检验点的合格率均不小于____%，且不合格点不集中分布，各项报验资料____SL 632—2012 的要求。 工序质量等级评定为：________________。 （签字，加盖公章）　　年　月　日
监理单位复核意见	经复核，主控项目检验点全部合格，一般项目逐项检验点的合格率均不小于____%，且不合格点不集中分布，各项报验资料____SL 632—2012 的要求。 工序质量等级评定为：________________。 （签字，加盖公章）　　年　月　日

（6）普通混凝土外观质量检查工序施工质量验收评定文件表格（表3.27）。

1）混凝土拆模后，应检查其外观质量。当发生混凝土裂缝、冷缝、蜂窝、麻面、错台和变形等质量问题时，应及时处理，并做好记录。

2）混凝土外观质量评定可在拆模后或消除缺陷处理后进行。

________________工程

表3.27　　普通混凝土外观质量检查工序施工质量验收评定表

单位工程名称				工序编号		
分部工程名称				施工单位		
单元工程名称、部位				施工日期	年　月　日—	年　月　日
项次		检验项目	质量要求	检查记录	合格数	合格率
主控项目	1	有平整度要求的部位	符合设计及规范要求			
	2	形体尺寸	符合设计要求或允许偏差±20mm			
	3	重要部位缺损	不允许出现缺损			
一般项目	1	表面平整度	每2m偏差不大于8mm			
	2	麻面/蜂窝	麻面、蜂窝累计面积不超过0.5%。经处理符合设计要求			
	3	孔洞	单个面积不超过$0.01m^2$，且深度不超过骨料最大粒径。经处理符合设计要求			
	4	错台、跑模、掉角	经处理符合设计要求			
	5	表面裂缝	短小、深度不大于钢筋保护层厚度的表面裂缝经处理符合设计要求			

续表

施工单位自评意见	主控项目检验点全部合格，一般项目逐项检验点的合格率均不小于____%，且不合格点不集中分布，各项报验资料____ SL 632—2012 的要求。 工序质量等级评定为：________________。 （签字，加盖公章） 年 月 日
监理单位复核意见	经复核，主控项目检验点全部合格，一般项目逐项检验点的合格率均不小于____%，且不合格点不集中分布，各项报验资料____ SL 632—2012 的要求。 工序质量等级评定为：________________。 （签字，加盖公章） 年 月 日

8. 填写工序表格文件时要注意的问题

（1）主控项目是必须达到要求的项目，是保证工程安全和使用功能的重要检验项目，是对安全、卫生、环境保护和公众利益起决定作用的检验项目，是确定该单元（工序）主要性能的。如果达不到规定的质量指标，降低要求就是降低该工程项目的性能指标，就会严重影响工程的安全性能；如果提高要求就等于提高性能指标，就会增加工程造价。主控项目包括的内容主要有：一是重要原材料、中间成品、成品、设备性能及附件的材质、技术性能等；二是结构的强度、刚度和稳定性等检验数据、工程性能的检测；三是一些重要的允许偏差项目，必须控制在允许偏差限值之内。总之，主控项目的检查具有否决权，合格率必须 100%，否则本单元（工序）质量不能评定，要返工处理。

（2）一般项目是除主控项目以外的检验项目，也应该达到其条文要求，只不过对不影响工程安全和使用功能的少数条文要求可以适当放宽一些。这些条文虽然不像主控项目那样重要，但对工程安全、使用功能、重点的美观都是有较大影响的。一般项目包括的内容主要有：一是允许有一定偏差的项目，而放在一般项目中，用数据规定的标准；二是对不能确定偏差值而又允许出现一定缺陷的项目，则以缺陷的数量来区分，如混凝土钢筋露筋露出一定长度等；三是一些无法定量而采取定性的项目，如管接口项目无外露油麻等。

一般项目单项合格率不能小于 70%（70%及以上合格的规定是一般性规定，不同单元工程的工序对验收的要求不尽一致，不同项目工程中对合格率另有规定的，应按具体条文的规定执行，如河道疏浚工程，合格标准是一般项目单项合格率不能小于 90%，优良等级标准是一般项目单项合格率不能小于 95%），否则工程返工，不能评定。有多个一般项目时，施工单位在填写自评意见时，一般项目逐项检验点的合格率填的是最小项目的合格率，不能是所有一般项目的平均合格率。

（3）工序完成后，应由施工单位自评合格后才能申请验收评定，否则监理单位不予受理。工序验收评定合格后，监理单位应及时签署结论，不能在事后补签，相关责任人均应当场履行签认手续，这样做是防止漏签或造假。

3.3.2.2 单元工程施工质量验收与评定

单元工程基本规定与填表要求和工序完全一致。

1. 单元工程施工质量验收评定的条件

（1）单元工程所含工序（或所有施工项目）已完成，施工现场具备验收的条件。

（2）已完工序施工质量经验收评定全部合格，有关质量缺陷已处理完毕或有监理单位批准的处理意见。

2. 单元工程施工质量验收评定的程序

（1）施工单位应首先对已经完成的单元工程施工质量进行自检，并填写检验记录。

（2）施工单位自检合格后，应填写单元工程施工质量验收评定表，向监理单位申请复核。

（3）监理单位收到申报后，应在8h内进行复核。复核应包括下列内容：

1）核查施工单位报验文件资料是否真实、齐全。

2）对照施工图纸及施工技术要求，结合平行检测和跟踪检测结果等，复核单元工程质量是否达到《单元工程评定标准》的要求。

3）检查已完工单元工程遗留问题的处理情况，在施工单位提交的单元工程施工质量验收评定表中填写复核记录，并签署单元工程施工质量评定意见，评定单元工程施工质量等级，相关责任人履行相应签认手续。

4）对验收中发现的问题提出处理意见。

（4）重要隐蔽单元工程及关键部位单元工程质量经施工单位自评合格，监理机构抽检后，由项目法人（或委托监理）、监理、设计、施工、工程运行管理（施工阶段已经有时）等单位组成联合小组，共同检查核定其质量等级并填写签证表，报质量监督机构核备。

3. 单元工程施工质量验收评定应形成的文件资料

（1）施工单位申请验收评定时，应提交下列文件资料：

1）单元工程中所含工序（或检验项目）验收评定的检验文件资料。

2）各项实体检验项目的检验记录文件资料。

3）施工单位自检完成后，由施工单位专职质量检验员和检测员填写检验结果的单元工程质量验收评定表和《CB18 ____工序/单元工程施工质量报验单》（表3.18）。

（2）监理单位应提交下列文件资料：

1）监理单位对单元工程施工质量的平行检测文件资料。

2）监理工程师签署质量复核意见的单元工程施工质量验收评定表。

4. 单元工程质量验收文件资料整理

（1）单元工程质量报验单。单元工程质量报验单与工序质量报验单是同一表格，作用与要求也是一样。如果是混凝土工程就是《CB17 混凝土浇筑开仓报审表》（表3.19），并且要有《混凝土拌和配料单》（表3.28）文件作为附件，此表格一般由施工单位制定，并由监理单位确认。

（2）单元工程质量验收评定表。单元工程质量验收评定表有两种情况，一是有工序的单元工程如普通混凝土工程（表3.33），二是没有工序的单元工程如岩石洞室开挖单元工程，这两类表格内容完全不同，后一种表格与工序质量验收评定表是一致的（表3.34）。

（3）施工放样报验单。此文件表格在分部工程开工文件中已讲过。注意要附放样记录。

表 3.28 **混凝土拌和配料单**

项目名称： 合同编号：

<table>
<tr><td>单位工程名称及编号</td><td colspan="2"></td><td colspan="2">分部工程名称及编号</td><td colspan="2"></td></tr>
<tr><td>水泥品种、标号</td><td colspan="2"></td><td colspan="2">浇筑部位</td><td colspan="2"></td></tr>
<tr><td>减水剂品种</td><td colspan="2"></td><td colspan="2">浇筑时间</td><td colspan="2"></td></tr>
<tr><td>材料名称
调整项目</td><td>水泥</td><td>砂</td><td>小石</td><td>中石</td><td>减水剂</td><td>水</td></tr>
<tr><td>理论用量（kg/m³）</td><td></td><td></td><td></td><td></td><td></td><td></td></tr>
<tr><td>含水量（%）</td><td></td><td></td><td></td><td></td><td></td><td></td></tr>
<tr><td>水调整量（kg）</td><td></td><td></td><td></td><td></td><td></td><td></td></tr>
<tr><td>超逊径率（%）</td><td></td><td></td><td></td><td></td><td></td><td></td></tr>
<tr><td>超逊径调整量（kg）</td><td></td><td></td><td></td><td></td><td></td><td></td></tr>
<tr><td>实际用量（kg/m³）</td><td></td><td></td><td></td><td></td><td></td><td></td></tr>
<tr><td>每盘用量（m³）</td><td></td><td></td><td></td><td></td><td></td><td></td></tr>
<tr><td>备注</td><td colspan="6">设计混凝土强度____，搅拌机加水流量____ L/s，每盘需加水时间____ s</td></tr>
<tr><td>施工单位名称</td><td colspan="3"></td><td colspan="2" rowspan="2">监理机构名称</td><td rowspan="2"></td></tr>
<tr><td>计算</td><td colspan="2">校核</td><td>审核</td></tr>
<tr><td></td><td colspan="2"></td><td></td><td colspan="2">监理工程师</td><td></td></tr>
</table>

（4）重要隐蔽单元签证［重要隐蔽单元工程（关键部位单元工程）质量等级签证表］。重要隐蔽单元工程指主要建筑物的地基开挖、地下洞室开挖、地基防渗、加固处理和排水等隐蔽工程中，对工程安全或使用功能有严重影响的单元工程。关键部位单元工程指对工程安全、或效益、或使用功能有显著影响的单元工程。

质量等级签证表作为首页，备查文件必须齐备后才能进行验收，备查文件纸张一律使用 A4 纸打印，备查文件经验收组审查修改后，与验收证书按目录顺序一并装订在验收签证表后（包括施工记录及监理控制施工质量的过程文字及表格、图像及照片文件资料等）。

（5）已完成的由监理核定确认合格的工序验收文件资料（表 3.21～表 3.27）和单元工程自检文件的复印件要作为单元工程质量验收评定表的附件。

5. 单元工程施工质量验收评定的标准

（1）划分工序单元工程施工质量评定分为合格和优良两个等级。

1）合格等级标准应符合下列规定：

a. 各工序施工质量验收评定应全部合格。

b. 各项报验文件资料应符合本标准的要求。

2）优良等级标准应符合下列规定：

a. 各工序施工质量验收评定应全部合格，其中优良工序应达到 50%及以上，且主要工序应达到优良等级。

b. 各项报验文件资料应符合本标准的要求。

3）单元工程施工质量验收评定不合格时，应按以下规定进行验收评定：

a. 全部返工重做的，可重新进行验收评定。

b. 加固补强后，经有资质的检测单位检测，能达到设计要求的，其质量只能评定为合格。

c. 经原设计单位复核，建设单位认为能基本满足安全和使用功能要求的，可不加固补强；或经加固补强后，改变了建筑物外形尺寸或造成永久缺陷的，经原设计单位论证认为基本满足设计要求，建设单位同意验收的，其质量可按合格处理。同时应进行质量缺陷备案。

（2）不划分单元（工序）工程施工质量评定分为合格和优良两个等级，其评定标准与工序评定标准一致。

6. 单元工程施工质量验收评定表格文件

（1）有工序的单元工程施工质量验收评定表（以混凝土工程为例）。

混凝土单元工程分为基础面与施工缝处理、模板制作及安装、钢筋制作及安装、预埋件（止水、伸缩缝等）制作及安装、混凝土浇筑（含养护、脱模）、外观质量检查6个工序，其中模板制作及安装、钢筋制作及安装、混凝土浇筑（含养护、脱模）工序为主要工序，用△标注。

水泥、钢筋、掺合料、外加剂、止水片（带）等原材料质缝应按有关规范要求进行全面检验，进场检验结果应满足相关产品标准，不合格产品不应使用。不同批次的原材料在工程中的使用部位应有记录。

原材料及中间产品检验备查表见表3.29～表3.32。

表3.29　　混凝土单元工程原材料检验备查表

单位工程名称			单元工程量		
分部工程名称			施工单位		
单元工程名称、部位			施工日期	年　月　日— 年　月　日	
项次	原材料质量检验情况				
	材料名称	生产厂家	产品批号	检验日期	检验结论
1	水泥				
2	钢筋				
3	掺合料				
4	外加剂				
5	止水片（带）				

试验负责人：　　　　质量负责人：　　　　监理工程师：

表3.30　　混凝土单元工程骨料检验备查表

单位工程名称			单元工程量	
分部工程名称			施工单位	
单元工程名称、部位			施工日期	年　月　日— 　年　月　日
项次	原材料质量检验情况			
	检验项目	检验情况		检验结论
		检验时间	检验数量	
细骨料				
1	含泥量			
2	细度模数			
3	人工砂石粉含量			
粗骨料				
1	含泥量			
2	超逊径			

试验负责人：　　　　质量负责人：　　　　监理工程师：

表3.31　　混凝土拌和物性能检验备查表

单位工程名称			单元工程量	
分部工程名称			施工单位	
单元工程名称、部位			施工日期	年　月　日— 　年　月　日
项次	检验项目	检验情况		检验结论
		检验时间	检验数量	
1	最小拌和时间			
2	称量			
3	砂子、小石饱和面干含水率			
4	坍落度（VC）值			
5	含气量			
6	出机口温度			

试验负责人：　　　　质量负责人：　　　　监理工程师：

表 3.32　硬化混凝土性能检验备查

单位工程名称			单元工程量	
分部工程名称			施工单位	
单元工程名称、部位			施工日期	年　月　日— 年　月　日

项次	检验项目	检验情况		检验结论
		检验时间	检验数量	
1	抗压强度			
2	抗渗等级			
3	抗冻等级			
4	抗拉强度			
5	极限拉伸值			
6				

试验负责人：　　　　　　质量负责人：　　　　　　监理工程师：

1）普通混凝土单元工程合格等级标准应符合下列规定：

a. 工序质量全部合格。

b. 原材料、砂石骨料性能、硬化混凝土性能、检验记录全部合格。

c. 混凝土拌和物性能和砂石骨料表面含水率合格率达70%以上。

2）普通混凝土单元工程优良等级标准应符合下列规定：

a. 满足单元工程合格标准。

b. 工序优良率50%以上，且钢筋制安、混凝土浇筑工序优良。

c. 混凝土拌和物性能和砂石骨料表面含水率合格率达85%以上。

________工程

表 3.33　普通混凝土单元工程施工质量验收评定表

单位工程名称		单元工程量	
分部工程名称		施工单位	
单元工程名称、部位		施工日期	年　月　日— 年　月　日

项次	工序名称（或编号）	工序质量验收评定等级
1	基础面	
	施工缝处理	
2	模板制作及安装	
3	△钢筋制作及安装	
4	预埋件（止水、伸缩缝等）制作及安装	
5	△混凝土浇筑（含养护、脱模）	
6	外观质量检查	

续表

施工单位 自评意见	各工序施工质量全部合格，其中优良工序占_______%，且主要工序达到_______等级。 单元工程质量等级评定为：__________________。 （签字，加盖公章）　年　月　日
设计单位意见	（签字）　年　月　日
监理单位 复核意见	经抽查并查验相关检验报告和检验资料，各工序施工质量全部合格，其中优良工序占_______%，且主要工序达到_______等级。 单元工程质量等级评定为：__________________。 （签字，加盖公章）　年　月　日
建设单位意见	（签字）　年　月　日
注 1. 对重要隐蔽单元工程和关键部位单元工程的施工质量验收评定应有设计、建设等单位的代表签字，具体要求应满足 SL 176 的规定。 注 2. 本表所填“单元工程量”不作为施工单位工程量结算计量的依据。	

特别注意：1. 重要单元工程是对工程安全、使用功能、公众利益和环保有重大影响的单元工程，包括关键部位单元工程和重要隐蔽单元工程等。

2. 针对混凝土试块因受龄期制约等因素影响，不能及时获得实体质量检验结果时，可先进行缺项暂验，待取得检验结果后及时办理终验签证。

（2）无工序的单元工程施工质量验收评定表（以岩石洞室开挖单元工程为例，表 3.34）。

1）洞室开挖方法与地下建筑物的规模和地质条件密切相关，开挖期间应对揭露的各种地质现象进行编录，预测预报可能出现的地质问题，修正围岩工程地质分段分类以研究改进围岩支护方案。

________________工程

表 3.34　　岩石洞室开挖单元工程施工质量验收评定表

单位工程名称				单元工程量			
分部工程名称				施工单位			
单元工程名称、部位				施工日期	年　月　日—　年　月　日		
项次		检验项目	质量要求		检查记录	合格数	合格率
主控项目	1	光面爆破和预裂爆破效果	残留炮孔痕迹分布均匀，预裂爆破后的裂缝连续贯穿。相邻两孔间的岩面平整，孔壁无明显的爆破裂隙，两茬炮之间的台阶或预裂爆破孔的最大外斜值不大于 10cm				
			炮孔痕迹保存率：完整岩石	≥90%			
			炮孔痕迹保存率：较完整和完整性差的岩石	≥60%			
			炮孔痕迹保存率：较破碎和破碎岩石	≥20%			

续表

<table>
<tr><th colspan="2">项次</th><th colspan="3">检 验 项 目</th><th>质 量 要 求</th><th>检 查 记 录</th><th>合格数</th><th>合格率</th></tr>
<tr><td rowspan="3">主控项目</td><td>2</td><td colspan="3">洞、井轴线</td><td>符合设计要求，允许偏差−5～5cm</td><td></td><td></td><td></td></tr>
<tr><td>3</td><td colspan="3">不良地质处理</td><td>符合设计要求</td><td></td><td></td><td></td></tr>
<tr><td>4</td><td colspan="3">爆破控制</td><td>爆破未损害岩体的完整性，开挖面无明显爆破裂隙，声波降低率小于10%，或满足设计要求</td><td></td><td></td><td></td></tr>
<tr><td rowspan="9">一般项目</td><td>1</td><td colspan="3">洞室壁面清撬</td><td>洞室壁面上无残留的松动岩块和可能塌落的危石碎块，岩石面干净，无岩石碎片、尘埃、爆破泥粉等</td><td></td><td></td><td></td></tr>
<tr><td rowspan="4">2</td><td rowspan="8">岩石壁面局部欠挖及平整度</td><td rowspan="4">无结构要求、无配筋</td><td>底部标高</td><td>符合设计要求，允许偏差−10～20cm</td><td></td><td></td><td></td></tr>
<tr><td>径向尺寸</td><td>符合设计要求，允许偏差−10～20cm</td><td></td><td></td><td></td></tr>
<tr><td>侧向尺寸</td><td>符合设计要求，允许偏差−10～20cm</td><td></td><td></td><td></td></tr>
<tr><td>开挖面平整度</td><td>符合设计要求，允许偏差15cm</td><td></td><td></td><td></td></tr>
<tr><td rowspan="4">3</td><td rowspan="4">有结构要求或有配筋预埋件</td><td>底部标高</td><td>符合设计要求，允许偏差0～15cm</td><td></td><td></td><td></td></tr>
<tr><td>径向尺寸</td><td>符合设计要求，允许偏差0～15cm</td><td></td><td></td><td></td></tr>
<tr><td>侧向尺寸</td><td>符合设计要求，允许偏差0～15cm</td><td></td><td></td><td></td></tr>
<tr><td>开挖面平整度</td><td>符合设计要求，允许偏差10cm</td><td></td><td></td><td></td></tr>
<tr><td colspan="2">施工单位自评意见</td><td colspan="7">主控项目检验点全部合格，一般项目逐项检验点的合格率均不小于____%，且不合格点不集中分布，各项报验资料____SL 631—2012的要求。

单元质量等级评定为：________________。

（签字，加盖公章）　　年　月　日</td></tr>
<tr><td colspan="2">监理单位复核意见</td><td colspan="7">经复核，主控项目检验点全部合格，一般项目逐项检验点的合格率均不小于____%，且不合格点不集中分布，各项报验资料____SL 631—2012的要求。

单元质量等级评定为：________________。

（签字，加盖公章）　　年　月　日</td></tr>
</table>

注 1. 本表所填“单元工程量”不作为施工单位工程量结算计量的依据。

2. “+”表示超挖；“−”表示欠挖。

2）单元工程划分：平洞开挖工程宜以施工检查验收的区、段或混凝土衬砌的设计分缝确定的块划分，每一个施工检查验收的区、段或一个浇筑块为一个单元工程；竖井（斜井）开挖工程宜以施工检查验收段每5～15m划分为一个单元工程；洞室开挖工程可参照平洞或竖井划分单元工程。

（3）重要隐蔽单元工程（关键部位单元工程）质量等级签证表。

重要隐蔽单元签证表是依据《水利水电工程施工质量检验与评定规程》（SL 176—2007）附录 F《重要隐蔽单元工程（关键部位单元工程）质量等级签证表》制定的，由施工单位填写，各方现场签字确认，见表 3.35。

________________水利水电工程

表 3.35　重要隐蔽单元工程（关键部位单元工程）质量等级签证表

<table>
<tr><td>单位工程名称</td><td colspan="2"></td><td>单元工程量</td><td></td></tr>
<tr><td>分部工程名称</td><td colspan="2"></td><td>施工单位</td><td></td></tr>
<tr><td>单元工程名称、部位</td><td colspan="2"></td><td>自评日期</td><td></td></tr>
<tr><td>施工单位
自评意见</td><td colspan="4">1. 自评意见：

2. 自评质量等级：

终检人员：（签名）</td></tr>
<tr><td>监理单位
抽查意见</td><td colspan="4">抽查意见：

监理工程师：（签名）</td></tr>
<tr><td>联合小组
核定意见</td><td colspan="4">1. 核定意见：

2. 质量等级：

年　月　日</td></tr>
<tr><td>保留意见</td><td colspan="4">（签名）</td></tr>
<tr><td>备查资料清单</td><td colspan="4">（1）地质编录 □
（2）测量成果 □
（3）检测实验报告（岩芯测试、软基承载力试验、结构强度等）□
（4）影像资料 □
（5）其他（　　　）□</td></tr>
<tr><td rowspan="6">联合小组成员</td><td colspan="2">单　位　名　称</td><td>职务、职称</td><td>签名</td></tr>
<tr><td>建设单位</td><td></td><td></td><td></td></tr>
<tr><td>监理单位</td><td></td><td></td><td></td></tr>
<tr><td>设计单位</td><td></td><td></td><td></td></tr>
<tr><td>施工单位</td><td></td><td></td><td></td></tr>
<tr><td>运行单位</td><td></td><td></td><td></td></tr>
</table>

3.3.2.3 分部工程施工质量验收

分部工程具备验收条件时，施工单位应向监理单位提交验收申请报告，见表 3.36。监理单位应在收到验收申请报告进行文件资料检查，无误后通知建设单位，并在收到验收申请报告之日起 10 个工作日内决定是否同意进行验收。

分部工程质量，在施工单位自评合格后，由监理单位复核，项目法人认定。分部工程验收的质量结论由项目法人报工程质量监督机构核备。大型枢纽工程主要建筑物的分部工程验收的质量结论由项目法人报工程质量监督机构核定。

表 3.36　　**验 收 申 请 报 告**

（承包［　］验报　　号）

合同名称：　　　　　　　　　　　　　　　　　　合同编号：

<table>
<tr><td colspan="3">致（监理机构）：
____________工程项目已于____年____月____日完工，未处理的遗留问题不影响本次验收评定并编制了处理措施计划，验收报告、资料已准备就绪，现申请验收。</td></tr>
<tr><td rowspan="2">□合同项目完工验收
□单位工程验收
□分部工程验收
□</td><td>验收工程名称、编码</td><td>申请验收时间</td></tr>
<tr><td></td><td></td></tr>
<tr><td colspan="3">附件：1. 前期验收遗留问题处理情况
2. 未处理遗留问题的处理措施计划
3. 验收报告、资料

承 包 人：（现场机构名称及盖章）
项目经理：（签名）
日　　期：　　年　　月　　日</td></tr>
<tr><td colspan="3">监理机构将另行签发审核意见。

监理机构：（名称及盖章）
签 收 人：（签名）
日　　期：　　年　　月　　日</td></tr>
</table>

说明：本表一式__4__份，由承包人填写。监理机构签收后，发包人__1__份、设代机构__1__份、监理机构__1__份、承包人__1__份。

在任务2.2中我们谈到了分部、单位工程和合同完工验收是属于项目法人验收的范围，已清楚成果性文件“验收鉴定书”的形成方法。此部分主要讲解验收的基础性文件的形成与整理。

1. 分部工程验收准备的文件资料组成

施工单位提供的文件有：①混凝土拌和质量评定表；②混凝土试块质量评定表（含混凝土试块统计法评定分析）；③砂料质量评定表；④粗骨料质量评定表；⑤已完成的单元验收文件资料（单元工程质量评定汇总表）。

在以上文件资料检查无误的情况下，《分部工程质量验收评定表》的填写按下面要求进行规整完善。

2. 分部工程验收准备的文件资料表格

（1）混凝土拌和质量评定表。进行质量评定时，如主要检查项目（带“△”项目）全部符合优良标准，一般检查项目符合优良或合格标准，即评为优良；若是主要检查项目只符合合格标准，一般检查项目符合合格标准，即评为合格。混凝土拌和质量标准见表3.37，拌和质量评定表见表3.38。

表 3.37　　混凝土拌和质量标准

检验项目	质量标准		检验方法	检验数量
	合格	优良		
原材料称量	符合规范要求		随机抽样、试验	每 8h 检查 3 次
最少拌和时间	符合规范要求		随机抽样、试验	每 8h 检验 2 次
原材料称量符合规范要求的频率（%）	≥70	≥85		
砂子、小石饱和面干含水率不大于 6%的频率（%）	≥70	≥85	随机抽样、试验	每 4h 检验 1 次
坍落度合格率（%）	≥70	≥85	随机抽样、试验	每 4h 检验 2 次
含气量（有抗冻要求时）合格率（%）	≥70	≥85	随机抽样、试验	每 4h 检验 2 次
出机口温度（有温度要求时）合格率（%）	≥70	≥85		

注　1. 坍落度以设计要求的中值为基准，变化范围以水工混凝土施工规范的允许偏差为准。
2. 含气量以设计要求的中值为基准，允许偏差范围为±0.5%。
3. 砂子、小石的含水率宜分别控制在±0.5%、±0.2%。

水利水电工程

表 3.38　　混凝土拌和物质量评定表（例）

单位工程名称	×××	分部工程量	121.8m^3，C30
分部工程名称	×××	施工单位	×××市水利水电工程有限公司
分部工程部位	×××	检验日期	2015 年 6 月 1 日至 2015 年 7 月 2 日

项次	项目	质量标准		检查记录
		优良	合格	
1	△原材料称量偏差符合要求的频率	≥85%	≥70%	施工配料单材料称量为水泥 100kg，砂 238kg，中石 143kg，小石 95kg，水 42kg；共检查 12 组，称量为：水泥 100～101kg，合格率 100%；砂 238～250kg，合格率 100%；中石 140～150g，合格率 100%；小石 95～100kg，合格率 100%；水 42～45kg，合格率 100%
2	砂子含水量小于 6%的频率	≥85%	≥70%	检测 12 组，砂子含水量为 2.5%～3.0%，合格率 100%
3	△拌和时间符合规定的频率	100%	100%	抽查 12 组记录，拌和时间符合规定的频率，合格率 100%
4	混凝土坍落度符合要求的频率	≥85%	≥70%	混凝土坍落度设计为 205mm，抽查 12 组记录，坍落度为 180～220mm，合格 12 组，合格率 100%
5	△混凝土水灰比符合设计要求的频率	≥90%	≥80%	混凝土水灰比设计为 0.42，抽查 12 组，水灰比为 0.3～0.5，合格 28 组，合格率 100%
6	混凝土出机口温度符合设计要求的频率	≥85%（高 1～2℃）	≥70%（高 2～3℃）	检查 12 组，T=23～28℃，合格

评定意见	质量等级
共检查 6 项 72 组，主要检查项目 3 项 36 组，全部符合优良标准，一般检查项目符合合格标准。	优良

施工单位	年　月　日	建设（监理）单位	年　月　日

(2) 混凝土拌和质量评定表。对于混凝土试块质量进行评定，在全部检查项目符合合格标准的前提下，如主要检查项目为优良，即评为优良；若主要检查项目为合格，即评为合格。此表格可由当地质量监督部门提供。混凝土试块质量标准见表 3.39，混凝土试块质量进行评定见表 3.40。

表 3.39　　　　混凝土性能质量标准（例）

检验项目		质量要求		检验方法	检验数量
		合格	优良		
设计龄期抗渗性		满足设计要求		随机抽样、试验	每季度 1～2 组
≥抗压强度保证率（%）	无筋（或少筋）混凝土	$P\geqslant 80$	$P\geqslant 85$	随机抽样、试验	大体积混凝土：28d 龄期每 500m³ 1 组；设计龄期每 1000m³ 1 组。非大体积混凝土：28d 龄期每 100m³ 1 组；设计龄期每 200m³ 1 组
	结构混凝土	$P\geqslant 90$	$P\geqslant 95$		
混凝土强度最低值	≤C20	≥0.85 设计龄期强度标准值			
	>C30	≥0.90 设计龄期强度标准值			
抗压强度标准差（MPa）	≤C20	≤4.5	≤3.5		
	C20～C35	≤5.0	≤4.0		
	>C35	≤5.5	≤4.5		
设计龄期抗拉项目		满足设计要求		随机抽样、试验	28d 龄期每 2000m³ 1 组；设计龄期每 3000m³ 1 组
设计龄期抗冻性合格率（%）		80	100	随机抽样、试验	同一强度等级、抗冻等级的混凝土，每季度 1～2 组

水利水电工程

表 3.40　　　　混凝土试块质量评定表（例）

单位工程名称	×××	分部工程量	C30 标准养护，共 14 组
分部工程名称	×××	施工单位	×××
分部工程部位	×××	检验日期	2016 年 4 月 24 日至 2016 年 6 月 12 日
评定执行标准名称及编号	《水利水电工程施工质量检验与评定规程》(SL 176—2007)		

项次	检查项目			质量标准		检验记录
				优良	合格	
1	试块组数 $n\geqslant 30$	抗压强度最小值		≥90%	≥85%	/
2		△无筋（或少筋）混凝土强度保证率		85%	80%	/
3		△配筋混凝土强度保证率		95%	90%	/
4		混凝土强度的离差系数	<C20	<0.18	<0.22	/
			≥C20	<0.14	<0.18	/
5	$30>n\geqslant 5$	C.02-1		$R_n-0.7S_n>R_{标}$		计算得 $R_n=38.0$，$S_n=5.29$，结果 34.3>30
6		C.02-2	当 $R_{标}\geqslant 20$	$R_n-1.60S_n\geqslant 0.83R_{标}$		计算得 $R_n=38.0$，$S_n=5.29$，结果 29.54>24.9
7		C.02-3	当 $R_{标}<20$	$R_n-1.60S_n\geqslant 0.80R_{标}$		/

续表

<table>
<tr><td rowspan="2">项次</td><td colspan="4" rowspan="2">检 查 项 目</td><td colspan="2">质量标准</td><td colspan="5" rowspan="2">检 验 记 录</td></tr>
<tr><td>优良</td><td>合格</td></tr>
<tr><td>8</td><td rowspan="2">$5>n\geqslant2$</td><td colspan="3">C.03-1</td><td colspan="2">$R_n\geqslant1.15R_{标}$</td><td colspan="5">/</td></tr>
<tr><td>9</td><td colspan="3">C.03-2</td><td colspan="2">$R_{min}\geqslant0.95R_{标}$</td><td colspan="5">/</td></tr>
<tr><td>10</td><td>$n=1$</td><td colspan="3">C.04-1</td><td colspan="2">$R\geqslant1.15R_{标}$</td><td colspan="5">/</td></tr>
<tr><td>11</td><td></td><td colspan="3">混凝土抗拉、抗渗、抗冻指标</td><td colspan="2">不低于设计标号</td><td colspan="5">/</td></tr>
<tr><td colspan="2" rowspan="2">每组强度值（MPa）</td><td>37.0</td><td>38.0</td><td>55.3</td><td>38.2</td><td>38.2</td><td>38.9</td><td>32.8</td><td>36.2</td><td>37.9</td><td>33.3</td></tr>
<tr><td>35.3</td><td>37.2</td><td>37.9</td><td>36.3</td><td></td><td></td><td></td><td></td><td></td><td></td></tr>
<tr><td colspan="9">评　定　意　见</td><td colspan="3">质　量　等　级</td></tr>
<tr><td colspan="9">评定结果符合设计及规范要求。</td><td colspan="3">合格</td></tr>
<tr><td colspan="2">施工单位评定结论</td><td colspan="4">评定结果符合要求。
专业质量检查员：
年　月　日</td><td>建设（监理）单位验收结论</td><td colspan="5">专业监理工程师：
（建设单位项目专业技术负责人）
年　月　日</td></tr>
</table>

注　R_n—n 组试件强度的平均值，R_i—单组试件强度，$R_{标}$—设计 28 天龄期抗压强度值，R_{min}—n 组试块中强度最小一组的值，S_n—n 组试件强度标准差 $S_n=\sqrt{\dfrac{\sum_{i=1}^{n}(R_i-R_n)^2}{n-1}}$。

（3）砂石料质量评定表。

1）对于混凝土试块质量进行评定，在全部检查项目符合合格标准前提下，如主要检查项目为优良，即评为优良；若主要检查项目为合格，即评为合格。此表格可由当地质量监督部门提供。砂、粗骨料的质量标准见表 3.41 和表 3.42，砂、石料的质量评定表见表 3.43 和表 3.44。

2）砂料按月检查分析，每生产 $400m^3$ 抽检一次。总抽样数量不少于 10 组，按季检查分析，总抽样数量不少于 20 组。综合分析抽样成果时，应分规格评定质量。在主控项目全部符合标准时，一般项目有 70%及其以上抽样点符合标准，即评为合格；任何一种规格的一般项目有 90%及其以上抽样点符合标准，即评为优良。

3）粗骨料按月检查分析，每生产 $400m^3$ 抽检一次。总抽样数量不少于 10 组，按季检查分析，总抽样数量不少于 20 组。综合分析抽样成果时，应分规格评定质量。在主要检查项目全部符合标准时，其他检查项目有 70%及其以上抽样点符合标准，即评为合格；任何一种规格的其他检查项目有 90%及其以上抽样点符合标准，即评为优良。

表 3.41　　砂 料 质 量 标 准

项　目		质量要求		检验方法	检验数量
		天然砂	人工砂		
含泥量（%）	有抗冻要求或≥C30	≤3	—	随机抽样、试验	每 8h 检验一次
	<C30	≤5	—		
泥块含量		不允许		随机抽样、试验	每月不少于 2 次
有机质含量		浅于标准色	不允许		
云母含量（%）		≤2			
石粉含量（%）		—	6～18（指颗粒<0.16mm）	随机抽样、试验	每 8h 检验一次
表观密度（kg/m^3）		≥2500		随机抽样、试验	每月不少于 2 次
细度模数波动		±0.2		随机抽样、试验	每 8h 检验 2 次
坚固性（%）	有抗冻要求	≤8		随机抽样、试验	每月不少于 2 次
	无抗冻要求	≤10			
硫化物及硫酸盐含量（%）		≤1（折算成 SO_3，按质量计）			
轻物质含量（%）		≤1	—		

表 3.42　　粗 骨 料 质 量 标 准

检 验 项 目		质量要求	检验方法	检验数量
含泥量（%）	D_{20}、D_{40}粒径级	≤1	随机抽样、试验	每 8h 检验一次
	D_{80}、D_{150}（D_{120}）粒径级	≤0.5		
泥块含量		不允许	随机抽样、试验	每月不少于 2 次
有机质含量		浅于标准色		
坚固性（%）	有抗冻要求	≤5		
	无抗冻要求	≤8		
硫化物及硫酸盐含量(按重量折算成 SO_3)(%)		≤0.5		
表观密度（kg/m^3）		≥2550		
吸水率（%）		≤2.5		
针片状颗粒含量（%）		≤15，经论证可以放宽至 25		
超径含量（%）		<5（原孔筛检验），0（超逊径筛检验）	随机抽样、试验	每 8h 检验一次
逊径含量（%）		<10（原孔筛检验），<2（超逊径筛检验）		

水利水电工程

表 3.43 **砂料质量评定表**

单位工程名称			产地、种类	
分部工程名称			生产单位	
数　量			检验日期	年　月　日至　年　月　日
项类	检查项目		质量标准	检验结果
主控项目	1. 天然砂中含泥量	有抗冻要求或≥C9030	≤3%	
		<C9030	≤5%	
	2. 泥块含量		不允许	
	3. 有机质含量		浅于标准色（天然砂）	
			不允许人工砂	
一般项目	1. 云母含量		≤2%	
	2. 石粉含量		6%～18%（人工砂）	
	3. 表观密度		≥2500kg/m³	
	4. 细度模数	天然砂	2.2～3.0	
		人工砂	2.4～2.8	
	5. 坚固性	有抗冻要求	≤8%	
		无抗冻要求	≤10%	
	6. 硫化物及硫酸盐含量		≤1%	
	7. 轻物质含量		≤1%（天然砂）	
评定意见				质量等级
主控项目____%符合质量标准要求，一般项目____%检查点符合质量标准要求				
施工单位	年　月　日		监理单位	年　月　日

注 1. 检验日期：检验月（季）的开始及终止日期。
2. 数量：填写本检验资料所代表的砂料总量（m³）。
3. 产地、种类：填写砂料出产地，天然砂或人工砂。
4. 检测数量：在筛分楼出料皮带或下料口取样。
5. 检验结果：填写检查次数、实测值范围及合格组数。

水利水电工程

表 3.44 **粗骨料质量评定表**

单位工程名称		产地、种类	
分部工程名称		生产单位	
数　量		检验日期	年　月　日

项次	检查项目	质量标准	检验记录
1	超径	原孔筛检验<5% 超逊径筛检验 0	
2	逊径	原孔筛检验<10% 超逊径筛检验<2%	

续表

<table>
<tr><td>项次</td><td>检 查 项 目</td><td colspan="2">质 量 标 准</td><td>检 验 记 录</td></tr>
<tr><td>3</td><td>含泥量</td><td colspan="2">D_{20}、D_{40}粒径级<1%，
D_{80}、D_{150}（或D_{120}）粒径级<0.5%</td><td></td></tr>
<tr><td>4</td><td>△泥团</td><td colspan="2">不允许</td><td></td></tr>
<tr><td>5</td><td>△软弱颗粒含量</td><td colspan="2"><5%</td><td></td></tr>
<tr><td>6</td><td>硫酸盐及硫化物含量
按重量折算成SO_3</td><td colspan="2">≤0.5%</td><td></td></tr>
<tr><td>7</td><td>△有机质含量</td><td colspan="2">浅于标准色</td><td></td></tr>
<tr><td>8</td><td>密度</td><td colspan="2">>2.55t/m³</td><td></td></tr>
<tr><td>9</td><td>吸水率</td><td colspan="2">D_{20}、D_{40}<2.5%
D_{80}、D_{150}<1.5%</td><td></td></tr>
<tr><td>10</td><td>△针片状颗粒含量</td><td colspan="2"><15%；有试验论证，可以放宽至25%</td><td></td></tr>
<tr><td colspan="4">评　定　意　见</td><td>质量等级</td></tr>
<tr><td colspan="4">本月（季）共检验________组，各组主要检查项目均符合质量标准，其他检查项目实测点合格率________%。</td><td></td></tr>
<tr><td>施工单位</td><td colspan="2"></td><td>建设监理单位</td><td></td></tr>
</table>

（4）分部工程质量验收评定表。

1）分部工程施工质量评定表（表3.45）主要由施工单位质检部门填写，并自评质量等级。评定水轮发电机组安装分项工程质量等级时，应将水轮机、发电机及调速器的型号填写在备注栏内。评定完成后，应由项目技术负责人签字加盖公章。如分部工程是由分包单位完成的，也应由总包单位项目技术负责人签字盖章。

2）监理单位复核意见栏由负责该分部工程质量控制的监理工程师填写，签字后交总监或总监代表审核、签字并加盖公章。

3）项目法人认定意见栏由负责该分部工程质量控制的现场代表填写，签字后交技术负责人审核、签字并加盖公章。

4）大型水利水电枢纽工程主体建筑物的分部工程质量在施工单位自评，监理单位复核，项目法人认定后，由项目法人报质量监督机构核定，质量监督机构核定栏应由质量监督机构核定人填写意见和签字，然后交质量监督负责人审查签字后，加盖公章。其余分部工程施工质量，在施工单位自评、监理单位复核、项目法人认定后由项目法人报质量监督机构核备。

填表说明：①分部工程量，只填写本分部工程的主要工程量；②单元工程类别按《水利水电工程单元工程施工质量验收评定标准》的单元工程类型填写；③单元工程个数指一般单元工程、主要单元工程、重要隐蔽工程及关键部位的单元工程之和；④合格个数指单元工程质量达到合格及以上质量等级的个数。

水利水电工程

表 3.45 **分部工程施工质量评定表**

<table>
<tr><td colspan="2">单位工程名称</td><td colspan="2"></td><td>施工单位</td><td colspan="2"></td></tr>
<tr><td colspan="2">分部工程名称</td><td colspan="2"></td><td>施工日期</td><td colspan="2">自 年 月 日至 年 月 日</td></tr>
<tr><td colspan="2">分部工程量</td><td colspan="2"></td><td>评定日期</td><td colspan="2">年 月 日</td></tr>
<tr><td>项次</td><td>单元工程种类</td><td>工程量</td><td>单元工程个数</td><td>合格个数</td><td>其中优良个数</td><td>备注</td></tr>
<tr><td>1</td><td></td><td></td><td></td><td></td><td></td><td></td></tr>
<tr><td>2</td><td></td><td></td><td></td><td></td><td></td><td></td></tr>
<tr><td>3</td><td></td><td></td><td></td><td></td><td></td><td></td></tr>
<tr><td>4</td><td></td><td></td><td></td><td></td><td></td><td></td></tr>
<tr><td>5</td><td></td><td></td><td></td><td></td><td></td><td></td></tr>
<tr><td></td><td></td><td></td><td></td><td></td><td></td><td></td></tr>
<tr><td colspan="2">合 计</td><td></td><td></td><td></td><td></td><td></td></tr>
<tr><td colspan="2">重要隐蔽单元工程、关键部位单元工程</td><td></td><td></td><td></td><td></td><td></td></tr>
<tr><td colspan="4">施工单位自评意见</td><td>监理机构复核意见</td><td colspan="2">项目法人认定意见</td></tr>
<tr><td colspan="4">本分部工程的单元工程质量全部合格。优良率为____%，重要隐蔽单元工程及关键部位单元工程____个，优良率为____%。原材料质量____，中间产品质量____，金属结构、启闭机制造质量____，机电产品质量____。质量事故及质量缺陷处理情况：

分部工程质量等级：

质检部门评定人：

项目技术负责人：（盖公章）
年 月 日</td><td>复核意见：

分部工程质量等级：

监理工程师：
年 月 日

总监或副总监：
（盖公章）
年 月 日</td><td colspan="2">认定意见：

分部工程质量等级：

现场代表：
年 月 日

技术负责人：
（盖公章）
年 月 日</td></tr>
<tr><td colspan="2">工程质量监督机构</td><td colspan="5">核定（备）意见：

核定等级： 核定（备）人： （签名）负责人： （签名）

年 月 日</td></tr>
</table>

注 分部工程验收的质量结论，由项目法人报质量监督机构核备。大型水利枢纽工程主要建筑物的分部工程验收的质量结论，由项目法人报质量监督机构核定。

（5）分部工程中的单元工程质量评定汇总表（表 3.46）。即对本单元所有验收的单元工程进行汇总。

水利枢纽工程

表 3.46 单元工程施工质量评定汇总表

分部工程名称： 施工单位名称：

序号	单元工程名称	单元工程编码	完成工程量	完成时间	评定时间	终检人员	自评结果	监理工程师	复核结果
1									
2									
3									
4									

监理单位审核： 施工单位填表： 填表日期： 年 月 日

3.3.2.4 单位工程施工质量验收与评定

单位工程完工并具备验收条件时，施工单位应和分部工程验收一样提出申请报告（表3.36）。

单位工程质量，在施工单位自评合格后，由监理单位复核，项目法人认定。单位工程验收的质量结论由项目法人报工程质量监督机构核定。

1. 单位工程验收准备的文件资料组成

（1）单位工程施工质量检验与评定文件资料核查表。

（2）外观质量评定表。

（3）分部工程质量评定汇总表。

（4）施工管理工作报告。

（5）单位工程质量评定表及鉴定书。

2. 单位工程验收准备的文件资料表格

（1）单位工程施工质量检验与评定资料核查表（表3.47）：

1）本表供单位工程施工质量检验文件资料核查时使用。

2）本表由施工单位内业技术人员负责逐项填写，并在填表人栏签字。施工单位质检部门负责人签字加盖公章，若本单位工程由分包施工单位与总包单位共同完成，则各施工单位负责收集、整理、填写本单位所涉及的质量检验文件资料，并在填表人栏签字，由总包单位质检部门负责人审查后签字、盖公章；再交该单位工程监理工程师复查，查意见，签字，加盖监理单位公章。

3）核查情况栏内，主要应记录核查中发现的问题，并对资料齐备情况进行描述。

4）核查应按照水利水电行业施工规范、《水利水电工程单元工程施工质量验收评定标准》和《水利水电建设工程验收规程》（SL 223—2008）要求逐项进行。

5）核查意见填写尺度。齐全：指单位工程能按第4点所述要求，具有数量和内容完整的技术文件资料。基本齐全：指单位工程的质量检验文件资料的类别或数量不够完善，但已有文件资料仍能反映其结构安全和使用功能符合设计要求者。对达不到“基本齐全”要求的单位工程，尚不具备评定单位工程质量等级的条件。

表 3.47　　　　单位工程施工质量检验与评定资料核查表（例）

<table>
<tr><td colspan="2" rowspan="2">单位工程名称</td><td rowspan="2">×××</td><td>施工单位</td><td>×××</td></tr>
<tr><td>核查日期</td><td>年　月　日</td></tr>
<tr><td>项次</td><td colspan="2">项　　目</td><td>份数</td><td>核 查 情 况</td></tr>
<tr><td>1</td><td rowspan="11">原材料</td><td>水泥出厂合格证、厂家试验报告</td><td>52</td><td rowspan="11">1. 主要原材料出厂合格证及厂家试验资料齐全，但有一批地面砖无出厂合格证。
2. 复验资料齐全，数量符合规范要求，复验统计资料完整</td></tr>
<tr><td>2</td><td>钢材出厂合格证、厂家试验报告</td><td>43</td></tr>
<tr><td>3</td><td>外加剂出厂合格证及有关技术性能指标</td><td>5</td></tr>
<tr><td>4</td><td>粉煤灰出厂合格证及技术性能指标</td><td>7</td></tr>
<tr><td>5</td><td>防水材料出厂合格证、厂家试验报告</td><td>10</td></tr>
<tr><td>6</td><td>止水带出厂合格证及技术性能试验报告</td><td>4</td></tr>
<tr><td>7</td><td>土工布出厂合格证及技术性能试验报告</td><td>2</td></tr>
<tr><td>8</td><td>装饰材料出厂合格证及技术性能试验报告</td><td>/</td></tr>
<tr><td>9</td><td>水泥复验报告及统计资料</td><td>16</td></tr>
<tr><td>10</td><td>钢材复验报告及统计资料</td><td>8</td></tr>
<tr><td>11</td><td>其他原材料出厂合格证及技术性能试验资料</td><td>4</td></tr>
<tr><td>12</td><td rowspan="6">中间产品</td><td>砂石骨料试验资料</td><td>35</td><td rowspan="6">1. 中间产品取样数量符合《评定标准》规定，统计方法正确，资料齐全。
2. 有 3 组混凝土试件龄期超过 28d（实际龄期为 31d、38d、49d）</td></tr>
<tr><td>13</td><td>石料试验资料</td><td>2</td></tr>
<tr><td>14</td><td>混凝土拌和物检查资料</td><td>12</td></tr>
<tr><td>15</td><td>混凝土试件统计资料</td><td>25</td></tr>
<tr><td>16</td><td>砂浆拌和物及试件统计资料</td><td>15</td></tr>
<tr><td>17</td><td>混凝土预制件（块）检验资料</td><td>5</td></tr>
<tr><td>18</td><td rowspan="10">金属结构及启闭机</td><td>拦污栅出厂合格证及有关技术文件</td><td>7</td><td rowspan="10">1. 出厂合格证及技术文件齐全。
2. 安全记录齐全、清晰。
3. 焊接记录清楚，探伤报告齐全。
4. 焊工资质复印材料齐全。
5. 运行记录清晰、完整。
6. 缺门式启闭机 1.25 倍额定负荷试验资料</td></tr>
<tr><td>19</td><td>闸门出厂合格证及有关技术文件</td><td>4</td></tr>
<tr><td>20</td><td>启闭机出厂合格证及有关技术文件</td><td>5</td></tr>
<tr><td>21</td><td>压力钢管生产许可证及有关技术文件</td><td>5</td></tr>
<tr><td>22</td><td>闸门、拦污栅安装测量记录</td><td>12</td></tr>
<tr><td>23</td><td>压力钢管安装测量记录</td><td>4</td></tr>
<tr><td>24</td><td>启闭机安装测量记录</td><td>7</td></tr>
<tr><td>25</td><td>焊接记录及探伤报告</td><td>6</td></tr>
<tr><td>26</td><td>焊工资质证明材料（复印件）</td><td>5</td></tr>
<tr><td>27</td><td>运行试验记录</td><td>3</td></tr>
<tr><td>28</td><td rowspan="6">机电设备</td><td>产品出厂合格证、厂家提交的安装说明书及有关资料</td><td>89</td><td rowspan="6">1. 产品出厂合格证及有关技术资料齐全，并已装订成册。
2. 机组及设备安装测试记录齐全，已装订成册。
3. 各项试验记录齐全</td></tr>
<tr><td>29</td><td>重大设备质量缺陷处理资料</td><td>/</td></tr>
<tr><td>30</td><td>水轮发电机组安装测量记录</td><td>3</td></tr>
<tr><td>31</td><td>升压变电设备安装测试记录</td><td>3</td></tr>
<tr><td>32</td><td>电气设备安装测试记录</td><td>3</td></tr>
<tr><td>33</td><td>焊缝探伤报告及焊工资质证明</td><td>16</td></tr>
</table>

续表

项次	项目		份数	核查情况
34	机电设备	机组调试及试验记录	3	1. 产品出厂合格证及有关技术资料齐全，并已装订成册。 2. 机组及设备安装测试记录齐全，已装订成册。 3. 各项试验记录齐全
35		水力机械辅助设备试验记录	3	
36		发电电气设备试验记录	26	
37		升压变电电气设备检测试验报告	32	
38		管道试验记录	3	
39		72小时试运行记录	3	
40	重要隐蔽工程施工记录	灌浆记录、图表	11	1. 灌浆记录清晰、齐全、准确，图表完整。 2. 基础排水工程施工记录齐全、准确。 3. 主要建筑物地基开挖处理记录齐全准确
41		造孔灌注桩施工记录、图表	/	
42		振冲桩振冲记录	/	
43		基础排水工程施工记录	6	
44		地下防渗墙施工记录	14	
45		主要建筑物地基开挖处理记录	45	
46		其他重要施工记录	5	
47	综合资料	质量事故调查及处理报告、质量缺陷处理检查记录	1	1. 综合资料齐全。 2. 工序、单元工程资料均已按分部工程、单位工程装订成册
48		工程施工期及试运行期观测资料	2	
49		工序、单元工程质量评定表	868	
50		分部工程、单位工程质量评定表	32	

施工单位自查意见	监理单位复查意见
自查： 基本齐全 填表人：××× 质检部门负责人：×××　（公章） 年　月　日	复查： 基本齐全 监理工程师：××× 监理单位：×××　（公章） 年　月　日

（2）外观质量评定表。单位工程完工后，由工程外观质量评定组负责工程外观质量评定（表3.49）。

1）检查、检测项目经工程外观质量评定组全面检查后，抽测25%，且各项不少于10点。

2）各项目工程外观质量评定等级分为四级，各级标准得分见表3.48。

表3.48　　外观质量等级与标准得分

评定等级	检测项目测点合格率（%）	各项评定得分
一级	100	该项标准分
二级	90.0～99.9	该项标准分×90%
三级	70.0～89.9	该项标准分×70%
四级	<70.0	0

3）检查项目（见表 3.47 中项次 6、7、12、17、18、20～27）由工程外观质量评定组根据现场检查结果共同讨论决定其质量等级。

4）外观质量评定表由工程外观质量评定组根据现场检查、检测结果填写。

5）表尾由各单位参加工程外观质量评定的人员签名（施工单位 1 人。如本工程由分包单位施工，则总包单位、分包单位各派 1 人参加。项目法人、监理、设计各派 1～2 人。工程运行管理单位 1 人）。

表 3.49　　水工建筑物外观质量评定表

<table>
<tr><td colspan="3">单位工程名称</td><td colspan="3"></td><td>施工单位</td><td colspan="2"></td></tr>
<tr><td colspan="3">主要工程量</td><td colspan="3"></td><td>评定日期</td><td colspan="2">年　月　日</td></tr>
<tr><td rowspan="2">项次</td><td rowspan="2" colspan="2">项　目</td><td rowspan="2">标准分（分）</td><td colspan="4">评定得分（分）</td><td rowspan="2">备注</td></tr>
<tr><td>一级 100%</td><td>二级 90%</td><td>三级 70%</td><td>四级 0</td></tr>
<tr><td>1</td><td colspan="2">建筑物外部尺寸</td><td>12</td><td></td><td></td><td></td><td></td><td></td></tr>
<tr><td>2</td><td colspan="2">轮廓线顺直</td><td>10</td><td></td><td></td><td></td><td></td><td></td></tr>
<tr><td>3</td><td colspan="2">表面平整度</td><td>10</td><td></td><td></td><td></td><td></td><td></td></tr>
<tr><td>4</td><td colspan="2">立面垂直度</td><td>10</td><td></td><td></td><td></td><td></td><td></td></tr>
<tr><td>5</td><td colspan="2">大角方正</td><td>5</td><td></td><td></td><td></td><td></td><td></td></tr>
<tr><td>6</td><td colspan="2">曲面与平面联结</td><td>9</td><td></td><td></td><td></td><td></td><td></td></tr>
<tr><td>7</td><td colspan="2">扭面与平面联结</td><td>9</td><td></td><td></td><td></td><td></td><td></td></tr>
<tr><td>8</td><td colspan="2">马道及排水沟</td><td>3（4）</td><td></td><td></td><td></td><td></td><td></td></tr>
<tr><td>9</td><td colspan="2">梯步</td><td>2（3）</td><td></td><td></td><td></td><td></td><td></td></tr>
<tr><td>10</td><td colspan="2">栏杆</td><td>2（3）</td><td></td><td></td><td></td><td></td><td></td></tr>
<tr><td>11</td><td colspan="2">扶梯</td><td>2</td><td></td><td></td><td></td><td></td><td></td></tr>
<tr><td>12</td><td colspan="2">闸坝灯饰</td><td>2</td><td></td><td></td><td></td><td></td><td></td></tr>
<tr><td>13</td><td colspan="2">混凝土表面缺陷情况</td><td>10</td><td></td><td></td><td></td><td></td><td></td></tr>
<tr><td>14</td><td colspan="2">表面钢筋割除</td><td>2（4）</td><td></td><td></td><td></td><td></td><td></td></tr>
<tr><td>15</td><td rowspan="2">砌体勾缝</td><td>宽度均匀、平整</td><td>4</td><td></td><td></td><td></td><td></td><td></td></tr>
<tr><td>16</td><td>竖、横缝平直</td><td>4</td><td></td><td></td><td></td><td></td><td></td></tr>
<tr><td>17</td><td colspan="2">浆砌卵石露头</td><td>8</td><td></td><td></td><td></td><td></td><td></td></tr>
<tr><td>18</td><td colspan="2">变形缝</td><td>3（4）</td><td></td><td></td><td></td><td></td><td></td></tr>
<tr><td>19</td><td colspan="2">启闭平台梁、柱、排架</td><td>5</td><td></td><td></td><td></td><td></td><td></td></tr>
<tr><td>20</td><td colspan="2">建筑物表面</td><td>10</td><td></td><td></td><td></td><td></td><td></td></tr>
<tr><td>21</td><td colspan="2">升压变电工程围墙（栏栅）、杆、架、塔、柱</td><td>5</td><td></td><td></td><td></td><td></td><td></td></tr>
<tr><td>22</td><td colspan="2">水工金属结构外表面</td><td>6（7）</td><td></td><td></td><td></td><td></td><td></td></tr>
<tr><td>23</td><td colspan="2">电站盘柜</td><td>7</td><td></td><td></td><td></td><td></td><td></td></tr>
<tr><td>24</td><td colspan="2">电缆线路敷设</td><td>4（5）</td><td></td><td></td><td></td><td></td><td></td></tr>
<tr><td>25</td><td colspan="2">电站油气、水、管路</td><td>3（4）</td><td></td><td></td><td></td><td></td><td></td></tr>
</table>

续表

项次	项目	标准分（分）	评定得分（分）				备注
			一级 100%	二级 90%	三级 70%	四级 0	
26	厂区道路及排水沟	4					
27	厂区绿化	8					
合计		应得______分，实得______分，得分率______%					
外观质量评定组成员	单位	单位名称		职称		签名	
	项目法人						
	监理						
	设计						
	施工						
	运行管理						
工程质量监督机构		核定意见： 核定人：（签名），加盖公章 年 月 日					

注 量大时，标准分采用括号内数值。

（3）分部工程质量评定汇总表。本单位工程中所有验收的分部工程进行汇总（表 3.50）。

水利枢纽工程

表 3.50　分部工程施工质量评定汇总表

单位工程名称：　　　　　　　　　　　　施工单位名称：

序号	分部工程名称	分部工程编码	工程部位	完成工程量	完成时间	评定时间	项目经理	自评结果	总监理工程师
1									
2									
3									
4									

监理单位审核：　　　　　　施工单位填表：　　　　　　填表日期：　　年　　月　　日

（4）施工管理工作报告。施工单位编制施工管理工作报告，其主要内容包括：①工程概况；②单位工程施工过程（施工进度管理、主要施工办法、完成主要工程量）；③质量管理与评定（质量管理、质量评定）；④分部工程验收遗留问题处理情况；⑤文明施工与安全生产；⑥施工期观测文件资料分析；⑦经验建议及大事记；⑧附件（施工中引用技术标准目录、施工管理机构及人员分工情况表）。

（5）单位工程质量评定表：

1）水利工程单位工程施工质量评定表（表 3.51）为统一格式。单位工程量只填写本单位工程的主要工程量。

2）分部工程名称按项目划分时确定的名称填写，并在相应的质量等级栏内加“√”。

主要分部工程是指对工程安全或效益起控制作用的分部工程，一般在项目划分时就已确定。主要分部工程名称前应加“△”符号。

3）表身各项由施工单位按照经工程质量监督机构核定（备）的质量结论填写。

4）表尾由各单位填写：

a. 施工单位评定人指施工单位质检处负责人，项目经理指该项目质量责任人。若本单位工程是分包单位施工，本表应由分包单位上述人员填写和自评，总包施工单位质检处负责人和项目经理审查、签字、加盖公章。

b. 监理单位复核人指负责该单位工程的监理工程师。

c. 质量监督机构核定人指负责本单位工程的质量监督员；项目监督负责人指项目站长或该项目监督责任人。

d. 工程量较大的工程，关于原材料、中间产品、金属结构与启闭机、机电产品质量应计入分部工程进行质量评定，评定单位工程质量时，不再重复评定。对工程量不大的工程则计入单位工程评定。

表 3.51　　单位工程施工质量评定表

工程项目名称				施工单位			
单位工程名称				施工日期	自　年　月　日至　年　月　日		
单位工程量				评定日期	年　月　日		
序号	分部工程名称	质量等级		序号	分部工程名称	质量等级	
		合格	优良			合格	优良
1				8			
2				9			
3				10			
4				11			
5				12			
6				13			
7				14			
分部工程共____个，全部合格，其中优良____个，优良率____%，主要分部工程优良率____%。							
外观质量		应得____分，实得____分，得分率____%。					
施工质量检验资料							
质量事故处理情况							
施工单位自评等级： 评定人： 项目经理： （公章） 年　月　日		监理单位复核等级： 复核人： 总监或副总监： （公章） 年　月　日		项目法人认定等级： 复核人： 单位负责人： （公章） 年　月　日		工程质量监督机构核定等级： 核定人： 机构负责人： （公章） 年　月　日	

3.3.2.5 工程项目质量验收与评定

工程项目质量，在单位工程质量评定合格后，由监理单位进行统计并评定工程项目质量等级，经项目法人认定后，报工程质量监督机构核定。

首先，由施工单位提出验收申请报告（表3.36）给监理单位，进行文件资料审核；再通知建设单位作出验收决定。

工程项目施工质量评定填表时要符合以下要求：

(1) 工程项目名称：按批准的初步设计报告的项目名称填写。

(2) 工程等级：填写本工程项目等别、规模及主要建筑物级别。

(3) 建设地点：填写枢纽工程建设的具体地名，如省、县、乡。

(4) 主要工程量：填写2～3项数量最大及次大的工程量。有混凝土（包括钢筋混凝土）量、土石方填筑方量、砌石方量等主要项目时必须填写。

(5) 项目法人（建设单位）：填写全称。

(6) 设计、监理、施工等单位名称应填写与项目法人签订合同时所用的全称。若一个工程项目是由多个施工（或多个设计、监理）单位承担任务时，表中只需填出承担主要任务的单位全称，并附页列出全部承担任务单位的全称及各单位所完成的单位工程名称。若工程项目由一个施工单位总包、几个单位分包完成，表中只填总包单位全称，并附页列出分包单位的全称及所完成的单位工程名称。

(7) 开工日期：填写主体工程开工的年份（4位数）、月份及日期。

竣工日期：填写批准设计规定的内容全部完工的年（4位数）、月份及日期。

(8) 评定日期：填写工程项目质量等级评定的实际日期。

(9) 主要建筑物单位工程：主要建筑物指失事后将造成下游灾害或严重影响工程效益的建筑物，如堤坝、泄水建筑物、输水建筑物、电站厂房及泵站等。

(10) 本表在工程项目批准设计规定的内容已全部完成，各单位工程已进行施工质量等级评定后，由项目总监填写，并进行工程项目质量评定，监理单位负责人签字加盖公章；若工程项目由多个监理单位监理时，各监理单位项目总监负责统计本单位监理的单位工程质量评定结果（含单元工程、分部工程质量统计）及主要工程量统计交项目法人，再由项目法人委托一个主要监理单位的项目总监汇总各单位的统计文件资料，填写工程项目质量评定表，并签字、盖本监理单位公章；然后交项目法人评定，项目法人的法定代表人签字，并盖公章，报质量监督机构核定质量等级，质量监督项目站长或质量监督机构委派的该项目负责人签字，并加盖公章，见表3.52。

表3.52　　工程项目施工质量评定表

工程项目名称		项目法人	
工程等级		设计单位	
建设地点		监理单位	
主要工程量		施工单位	
开工、竣工日期	年　月　日至　　年　月　日	评定日期	年　月　日

续表

<table>
<tr><th rowspan="2">序号</th><th rowspan="2">单位
工程名称</th><th colspan="3">单元工程质量统计</th><th colspan="3">分部工程质量统计</th><th rowspan="2">单位工程
等级</th><th rowspan="2">备注</th></tr>
<tr><th>个数
（个）</th><th>其中优良
（个）</th><th>优良率
（%）</th><th>个数
（个）</th><th>其中优良
（个）</th><th>优良率
（%）</th></tr>
<tr><td>1</td><td></td><td></td><td></td><td></td><td></td><td></td><td></td><td></td><td rowspan="11">加△者为主要单位工程</td></tr>
<tr><td>2</td><td></td><td></td><td></td><td></td><td></td><td></td><td></td><td></td></tr>
<tr><td>3</td><td></td><td></td><td></td><td></td><td></td><td></td><td></td><td></td></tr>
<tr><td>4</td><td></td><td></td><td></td><td></td><td></td><td></td><td></td><td></td></tr>
<tr><td>5</td><td></td><td></td><td></td><td></td><td></td><td></td><td></td><td></td></tr>
<tr><td>6</td><td></td><td></td><td></td><td></td><td></td><td></td><td></td><td></td></tr>
<tr><td>7</td><td></td><td></td><td></td><td></td><td></td><td></td><td></td><td></td></tr>
<tr><td>8</td><td></td><td></td><td></td><td></td><td></td><td></td><td></td><td></td></tr>
<tr><td>9</td><td></td><td></td><td></td><td></td><td></td><td></td><td></td><td></td></tr>
<tr><td>10</td><td></td><td></td><td></td><td></td><td></td><td></td><td></td><td></td></tr>
<tr><td></td><td></td><td></td><td></td><td></td><td></td><td></td><td></td><td></td></tr>
<tr><td colspan="2">单元工程、
分部工程合计</td><td></td><td></td><td></td><td></td><td></td><td></td><td></td><td></td></tr>
<tr><td colspan="2">评定结果</td><td colspan="8">本项目单位工程____个，质量全部合格。其中优良工程____个，优良率____%，主要单位工程优良率____%。</td></tr>
<tr><td colspan="3">监理单位意见</td><td colspan="3">项目法人意见</td><td colspan="4">工程质量监督机构核定意见</td></tr>
<tr><td colspan="3">工程项目质量等级：

总监理工程师：
监理单位：　　（公章）
年　月　日</td><td colspan="3">工程项目质量等级：

法定代表人：
项目法人：　　（公章）
年　月　日</td><td colspan="4">工程项目质量等级：

负责人：
质量监督机构：　　（公章）
年　月　日</td></tr>
</table>

任务 3.4　材料与施工试验检测记录文件资料的形成与整理

【任务及目标】 建设过程中，施工材料质量和试验检测工作是衡量和反映工程质量好坏的重要手段与方法。本任务主要阐述了施工单位在土建工程中原材料、中间产品进场前和施工实施前的试验及施工完成后的检测过程所应形成的文件资料的类别与要求，使学生了解此类文件资料形成、整理、归纳的正确方法，掌握这些文件资料的正确填写要求与方法，清楚此项工作中的主要工作流程。

水利工程中造成质量问题的原因，一方面在于施工原材料及中间产品，另一方面在于施工技术，因此，对施工过程中的材料应用、设备应用、技术应用加强试验检测意义重大。通过施工单位自己检查、监理单位抽检等，查找影响施工质量的因素，在整个施工过程中贯穿试验检测，保证施工整体质量，将质量安全隐患消灭在萌芽状态。在此项工作中形成的大量文件资料，是工程重要的质量保证性文件资料，也是竣工验收必查的文件资料。试验检测文件资料记录及整理工作要求做到以下几点：

（1）及时：就是边施工边按照具体规定及时进行准确记录。做到分阶段，按工程的施工程序整理、积累，按归档要求编制好质量保证性文件资料。竣工验收时，施工单位要事先做好文件资料的汇总和归档工作，并及时向建设单位移交。

（2）准确：施工过程中经过编制、整理形成的质量保证性文件资料，要真实地反映工程各个环节的实际情况，并严格地与设计要求、现行的材料技术性能指标、工程质量检验评定标准、施工验收规范进行对照。凡经过验收认定的文件资料，不得出现擅自更改、伪造和事后补做等情况。

（3）系统：按照工程项目规定的程序，以工程的先后进展过程，对形成的质量保证性文件资料系统地编制、整理、核对，最终达到全面系统地反映工程施工项目全过程的技术水平和质量状况。

（4）科学：以科学求实的态度对待施工中的每个数据，在保证达标的前提下，要以实测数据为凭据。一旦出现质量问题，有凭可查、有证可依。做到检查有依据、评定有标准、施工有记录、验收有结论、试验有报告、设计变更有手续，最终形成具备科学性的、完整准确的质量保证性文件资料。

3.4.1　材料与施工试验检测记录文件资料形成、整理的具体原则

（1）对于水利工程，为保证检测成果的真实性和权威性，水利部强制性要求第三方检测单位必须具备水利检测资质。

（2）配合比试验、原材料和中间产品检测文件资料应以见证取样为主，应完善见证取样和送样的相关手续。

（3）配合比试验。应针对工程主体用量最大的水泥砂浆、混凝土进行试验，用量较少且不构成主体结构的根据工程具体情况确定是否要作检测。

（4）原材料和中间产品检测。首先要按照规定和施工时间的要求，确定检测组数、部位、检测时间。原材料主要有钢筋、黏土（比如坝体灌浆用黏土、大坝防渗体用黏土）等；中间产品主要有各种标号水泥砂浆、混凝土、砂、石子、机制砖等。

（5）主要、关键部位金属结构检测资料。主要是指影响工程安全的金属结构。多指水电站的压力钢管的无损探伤、内外防腐检测等。

（6）主要成品。常见的有商品混凝土、预制构件等；金属结构及机电设备：常见的有闸门、启闭机、水泵、变压器等。这些成品材料一般不再进行现场检测，但使用前应检查其出厂合格证、质量保证书、检测报告等质量保证资料。

（7）原材料及中间产品抽样检测试验数据统计表。对于原材料、中间产品的检测而言，主要是抽检比例和检测值两方面的控制。故应对材料使用量进行统计。验收时对照查验检测组数是否满足要求。

见证取样制度：为确保水利工程施工质量，保证施工材料的可靠性，应该依据相关质量标准严格执行材料入场制度。利用相关技术检验标准，对入场材料或是工程构件进行抽样检测，按照试验所得结果，判断整体材料是否符合质量标准。这种方法在施工中是最常

用，也是最有效的方法。但是在实际应用中，需要注意所选样品必须具有代表性，也要具备真实性，这也是抽样检验的前提。保证工程高质量完成的重要途径是见证取样与送检制度，要求相关工作人员必须具备较高的职业素养与业务能力，在具体工作中才能有针对性地进行选样与检测，保证检测工作的顺利进行。在选样时，要对施工材料严格进行筛选，防止质量过差的施工材料用于工程施工中，确保工程质量一直处于监督状态中。

下面以土建工程为例，讲述材料与施工试验检测文件资料的规整。

3.4.2　材料与施工试验检测记录文件资料的形成

3.4.2.1　材料与施工试验检测种类

具体有混凝土工程、防渗工程、建筑工程、边坡支护工程、土石方填筑工程和设计或监理要求的其他试验与检验项目。

（1）混凝土工程：包括①混凝土原材料及中间产品（砂、石、水泥、粉煤灰、掺合料、外加剂、水等）物理化学性能试验；②各类混凝土配合比设计与试验；③混凝土拌和物质量控制检验；④混凝土试件的力学、变形、弹模、抗冻、抗渗、抗冲磨性能试验；⑤钢材（钢筋、钢板、钢绞线）力学性能试验及钢筋焊接接头性能试验；⑥止水材料（止水铜片、橡胶止水片、隔缝材料、填缝材料等）力学性能试验；⑦温控材料性能检测试验；⑧混凝土芯样物理力学性能检测及混凝土无损检测。

（2）防渗工程：包括①土工合成材料性能试验；②灌浆材料及护壁泥浆性能试验。

（3）建筑工程：包括①砌体材料（砌石、砂浆、砖、细石混凝土）力学性能、材质检验；②屋面防水、保温材料性能试验。

（4）边坡支护工程：包括①锚杆、注浆材料性能试验；②注浆密实度及锚杆长度、拉拔力试验检测。

（5）土石方填筑工程：包括①各类填筑材料现场生产级配检验；②各类填筑材料现场生产性碾压试验成果检验；③各类填筑材料现场填筑压实质量检验。

（6）设计或监理要求的其他试验与检验。

3.4.2.2　材料与施工试验检测记录文件资料类别

一类是试验检测管理文件及生产厂家出具的证明文件，另一类是进入施工现场的原材料、中间产品和现场施工质量检测试验文件。这些文件、资料形成与整理的单位主要是监理单位和施工单位。生产厂家及建设单位（施工单位）委托有资质的检测单位提供试验报告与证明材料。

（1）监理单位形成与整理的文件有：见证取样和送检见证人备案书，见证记录及见证试验汇总表；平行检测的原材料、中间产品检测文件资料。

（2）施工单位形成与整理的文件有：原材料、中间产品检测文件资料；土工试验文件资料（素土、灰土的标准击试、压实度）；混凝土、砂浆配合比通知单。

（3）生产厂家及建设单位（施工单位）委托有资质的检测单位形成的文件资料有：产品出厂合格证（进场的水泥、钢筋、砂、砖等）；以上所有试验检测的施工试验记录。施工试验记录是根据设计要求和规范规定进行试验，并记录试验过程中产生的各种原始数据和计算结果，从而得出试验结论的文件资料的统称。采用新技术、新工艺及其他特殊工艺时，更应加强施工试验记录的编制和整理。

3.4.2.3　材料与施工试验检测记录文件资料收集的要求

1. 材料试验检测记录文件

工程材料的材料试验检测文件资料分为两种。一种是工程材料出厂质量证明文件资料，包括材质单、出厂质量检验证明书、合格证书，以及各地方政府对外地工程材料进入当地所规定的质量检验文件资料；另一种是工程材料进入施工现场后必须进行的质量抽样检验、试验资料，包括施工中混凝土、水泥砂浆的强度试验、钢材的焊接性能试验以及新型材料和有特殊要求的材料的性能检验等。

对于进场原材料、中间产品及构配件等，进场时必须拿到盖有厂家公章的出厂合格证和出厂质量检测报告；对于从销售商处采购只能拿到抄件、复印件的，为了保证质量控制文件资料的真实性和准确性，凡属抄写、复印的文件，必须将出厂的厂家名称、公章及原经办人，产品的名称、规格、数量、原件编号、制造出厂时间、规定的指标性能等主要项目内容无遗漏地抄、印清楚，并有抄写人、印件人的盖章或签字，加盖销售公司红章，以备需要时便于追踪核查。

取样人员应保证样品的真实性、完整性和原始性，对于取样后样品需要密封保存和有其他保存要求的，应按照要求执行。

对于需要送检的样品，在遵循上述原则的情况下，送样台账或送样单上应清楚填写以下内容：取样时间、送样时间、使用工程部位、样品规格种类和数量、生产厂家、批号、所需检测项目等，其中有监理见证取样的还需填写见证取（送）样单。

2. 施工试验检测记录文件

施工试验记录是根据设计要求和规范规定进行试验，并记录试验过程中产生的各种原始数据和计算结果，从而得出试验结论的文件资料的统称。采用新技术、新工艺及其他特殊工艺时，更应加强施工试验记录的编制和整理。

施工试验记录由具备相应资质等级的检测单位出具，然后随相关文件资料进入管理流程。

（1）在完成检验批的过程中，由施工单位试验负责人制作施工试验试件，之后送至具备相应资质等级的检测单位进行试验。

（2）检测单位根据相关标准对送检的试件进行试验后，出具试验报告并将报告返还施工单位。

（3）按照设计要求和规范规定做施工试验检测的，应填写施工试验记录。若相关规程中并没有规定应采用的施工试验用表，则应填写施工试验记录（通用），见表3.53；采用新技术、新工艺及特殊工艺时，应对施工试验方法和试验数据进行记录，并填写施工试验记录（通用）。

3.4.3　材料与施工试验检测记录表格文件

3.4.3.1　见证取样和送检见证人备案书、见证记录及见证试验汇总表

1. 见证取样和送检见证人备案书

在建设单位与检测机构签订委托检测协议后，监理单位和建设单位签章，送实验室和监督站备案。

表 3.53　　　　**施工试验记录（通用）**

编号：

试验编号		委托编号			
工程名称及施工部位					
试验日期		规格、材质			
试验项目：					
试验内容：					
结论：					
批　准		审　核		试　验	
试验单位					
报告日期					

注　本表由建设单位、施工单位各保存 1 份。

见证取样和见证送检人员备案书

致：

施工单位：______________

质量监督机构：______________

见证取样检测中心：______________

我单位决定，由________同志担任________建设项目工程的见证取样和见证送检人员。有关见证认可字样和签字如下，请查收备案。

×××水利工程项目监理站

日期：　　年　　月　　日

（见证取样、见证送检）认可字样	见证取样 见证送检	见证人员签字	
见证起始日期	年　　月　　日		

说明：此备案书由见证人所在单位，在履行见证前，分别送达该工程的施工单位、质量监督机构和见证检测中心（试验室）备案。

建设单位名称（盖章）：　　　　年　　月　　日

监理单位名称（盖章）：　　　　年　　月　　日

施工负责人签字：　　　　年　　月　　日

2. 见证记录及见证试验汇总表

（1）见证记录表由见证人分别在见证取样和送样后及时填写，并由取（送）样人、见证人签字，存入该工程建设（监理）管理档案。

（2）见证记录表主要记录确保该组（次）取样的代表性、真实性，已采取的措施和确保该组（次）送样的真实性，见证取样跟踪记录见表 3.54；然后按月（季）度统计见证取样和送样数量，并汇总到见证试验汇总表（表3.55）。

表3.54　　JL30 见证取样跟踪记录

（监理［　］见证　　号）

合同名称：　　　　　　　　　　　　　　合同编号：

单位工程名称及编号												
承包人												
序号	检测项目	对应单元工程编号	取样部位		代表数量	组数	取样人	送样人	送样时间	检测机构	检测结果	检测报告编号	跟踪（见证）监理人员
			桩号	高程									

说明：本表按月装订成册。

表3.55　　见证试验汇总表

工程名称				
施工单位				
建设单位				
监理单位				
见证人				
见证检测单位名称				
试验项目	应送试总次数	见证试验次数	不合格次数	备注
制表人：				年　月　日

3.4.3.2　原材料及中间产品检测试验报告

（1）凡用于工程的原材料、中间产品必须符合下列要求：

1）必须具有合格证明文件，无合格证明文件的材料一律不得用于工程上。

2）材料代用和设计变更、换用材料时，必须由设计单位批准，并有变更手续。

（2）对于要求复验或检测的原材料，必须符合下列要求：

1）在见证的情况下取样具有代表性。

2）取样时必须按照材料检验取样部位的规定、每批抽取样件的数量和取样操作规程的相应要求进行。

3）原材料及中间产品的检测工作必须在施工前进行，并取得可靠的检测结果，以便于合理地使用原材料，防止不合格的原材料用于工程上，酿成质量事故或带来工程质量隐患。

4）材料检测的内容要求完整。委托内容应填写详细，在填写委托单时，材料的品种、规格、数量、出厂时间、使用部位、要求检验的项目，均应填写清楚。

5）检测单位填写材料检测报告时，对有数据定量要求的材料，一律用检测数据表示，其定性结论应采用“合格”或“不合格”文字说明；并应在试验报告的结论栏中注明检测采用的有关标准的名称和代号。

6）检测材料时应注意有效期，在材料出厂合格证规定的技术指标有效期内进行。凡在规定期限内的材料或在使用中发现有异常情况时，均应进行复测，以保证工程用材料的质量。

材料试验报告由具备相应资质等级的检测单位出具，作为各种相关材料的附件；工程名称、使用部位及代表数量应准确并符合规范要求；施工单位和监理单位各要保存原件。

按规范要求须做进场复测的材料，应按其试验检测单位提供的表格填写，否则按材料试验报告（通用）（表 3.56）填写。骨料试验检测报告单见表 3.57 和表 3.58。混凝土试块强度检测记录表见表 3.59。所有试验报告单必须盖上 CMA（中国计量认证，China Metrology Accreditation，CMA）章和试验检测单位公章，才能确认有效。

表 3.56　　　　材料试验报告（通用）

工程名称及部位				试样编号	
委托单位		试验委托人		委托编号	
材料名称及规格				厂地、厂名	
代表数量		来样日期	年　月　日	试验日期	年　月　日
要求试验项目及说明：					
试验结果：					
结论：					
批　准		审　核		试验人员	
试验单位				报告日期	年　月　日

表 3.57　　　　砂 检 验 报 告 单

检测单位			报告编号	
施工单位			试验日期	
工程名称			报告日期	
产地	××砂石料场		试验规程	
序号	检验项目	标准要求	检测结果	单项判定
1	表观密度（kg/m^3）			合格/不合格
2	石粉含量（%）			合格/不合格

续表

序号	检验项目		标准要求		检测结果	单项判定
3	坚固性（%）					合格/不合格
4	泥块含量（%）					合格/不合格
5	硫化物及硫酸盐含量（%）					合格/不合格
6	云母含量（%）					合格/不合格
7	有机质含量（%）					合格/不合格
8	轻物质含量（%）					合格/不合格
9	颗粒分析试验					
筛孔（mm）		4.75	2.36	1.18	0.63	0.315	0.16
级配	Ⅰ区	10～0	35～5	65～35	85～71	95～80	100～90
	Ⅱ区	10～0	25～0	50～10	70～41	92～70	100～90
	Ⅲ区	10～0	15～0	25～0	40～16	85～55	100～90
实测累计筛余（%）							
筛分检验结论		细度模数：		结论			
备注：					粗砂 M_x= 中砂 M_x= 细砂 M_x=		

批准： 复核： 主检：

表3.58 粗骨料检测试验记录表

检测单位： 检测规范： 合同编号：

委托单位				分部工程					工程部位					
取样地点				取样日期				生产单位				试验日期		
最大粒径（mm）	超径（%）	逊径（%）	含泥量（%）	含水率（%）	吸水率（%）	有机质含量（%）	压碎指标（%）	云母含量（%）	坚固性（%）	针片状（%）	硫化物（%）	软弱颗粒含量（%）	表观密度（g/cm³）	松散体积密度（kg/m³）	空隙率（%）
备注															

校核： 计算： 试验： 年 月 日

表3.59 混凝土试块强度检验记录表

检测单位： 检测规范： 合同编号：

单元工程名称或编码			工程部位			取样地点		
试件编号	试件尺寸	试件日期	龄期	抗压强度				
				破坏荷载（kN）	单块强度（MPa）	平均强度（kN）	破坏强度（kN）	单块强度（MPa）	平均强度（MPa）

负责人： 校核： 计算： 试验： 年 月 日

3.4.3.3 配合比通知单

委托单位应依据设计强度等级、技术要求、施工部位、原材料情况等，向试验部门提出砂浆、混凝土配合比申请单。试验部门依据配合比申请单（表 3.60），按照《普通混凝土配合比设计规程》（JGJ 55—2011）签发砂浆、混凝土配合比通知单。

配合比通知单（表 3.61）应字迹清楚，无涂改，签字齐全。所用水泥、砂、石、掺合料、外加剂等要填写清楚，复测合格后再做试配，并填好试验记录。

表 3.60　　混凝土配合比申请单

合同编号：

工程名称部位					
委托单位				试验委托人	
设计强度等级				要求坍落度、拓展度	
其他技术要求					
搅拌方法		浇捣方法		养护方法	
水泥品种及强度等级		厂别牌号		试验编号	
砂产地及种类				试验编号	
石子产地及种类		最大粒径		试验编号	
外加剂名称				试验编号	
掺合料名称				试验编号	
申请日期		使用日期		联系电话	

注　本表由施工单位填写，一式 3 份，连同质检记录、混凝土配料单，送监理单位审批，建设单位、监理单位、施工单位各 1 份。

表 3.61　　混凝土配合比通知单

编号：

工程名称						报告编号			
委托单位		委托编号		搅拌方法		坍落度（mm）		委托日期	
施工单位		样品编号		维勃稠度（s）		养护温度（℃）		检验日期	
使用部位		设计等级		振捣方法		养护湿度		报告日期	
见证单位		见证人		证书编号		混凝土环境条件、要求			

材料	水泥	厂别：	砂	种类：	石	种类：	外加剂Ⅰ	种类：	外加剂Ⅱ	种类：	掺合料	种类：
		强度等级：		M_x：		粒级(mm)：		型号：		型号：		出厂日期：
		出厂日期：		检验编号：		检验编号：		厂别：		厂别：		厂别：
		出厂编号：						检验编号：		检验编号：		检验编号：
		检验编号：										

续表

配合比	试配强度（MPa）	砂率（%）		水	水泥	砂	石	外加剂Ⅰ	外加剂Ⅱ	掺合料	备注
			材料用量（kg/m³）								
			配合比（质量比）					%	%	%	
说明	1. 施工时，应根据现场砂、石含水率调整为现场施工配合比。 2. 本报告以________推算。							检验依据			
								检验仪器	仪器名称： 证书编号：		
声明											

批准：　　　　　　　　　审核：　　　　　　　　　校核：　　　　　　　　　检验：

3.4.3.4　施工试验报告单

1. 土工击实和回填土试验报告

为有效控制回填质量，国家有关标准对不同工程部位的土方压实度指标都有明确规定，因此土方工程应测定土的最优含水量时的最大干密度，并有土工击实试验报告。对于重要的、大型的或设计有要求的填方工程，在施工前应对填料做击实试验。对于小型工程又无击实试验条件的单位，控制干密度可按施工规范计算。土工击实试验报告应由试验单位出具。土工击实试验检验报告式样见表3.62。

表3.62　　　　　　　　　　　土工击实试验检验报告

报告编号		委托编号		第　页/共　页
工程名称			检验日期	
委托单位			签发日期	
见证单位			见证人	
取样部位			取样日期	
土质类别			样品来源	
检验设备			检验性质	
击实类型			设计密实度	
检验依据			检验环境温度（℃）	

检　验　结　果			
试样编号	湿密度	含水率（%）	干密度
最优含水率（%）		最大干密度（g/cm³）	
击实曲线	曲线见附页		
检验结论			

备注		检验单位	（检验专用章）		
批准		校核		检验	

本表由检测机构提供，建设单位、施工单位、流域机构档案馆各保存一份。

（1）试验报告子目填写要齐全，取样步数和取样位置简图要标注完整，清晰准确，符合要求。

（2）取样位置简图应按规范要求绘制回填土取点平面图、剖面示意图，标明重要控制轴线，尺寸数字，分段、分层取样，指北针方向等。现场取样步数、点数须与试验报告各步、点一一对应，并注明回填土的起止标高。

（3）回填土种类、取样、试验时间应与其他文件资料（地质勘探报告、地基验槽及隐检记录等）交圈吻合。回填土试验报告式样见表 3.63。

表 3.63　　回填土试验报告

工程名称：　　　　　　　　　　　　　　　　编号：

<table>
<tr><td>工程施工部位</td><td colspan="4"></td><td colspan="2">试验编号</td><td colspan="4"></td></tr>
<tr><td>委托单位</td><td colspan="4"></td><td colspan="2">试验委托人</td><td colspan="4"></td></tr>
<tr><td>要求压实系数（λ_c）</td><td colspan="4"></td><td colspan="2">回填土种类</td><td></td><td colspan="2">委托编号</td><td></td></tr>
<tr><td>控制干密度（ρ_d）</td><td colspan="4">g/cm³</td><td colspan="2">试验日期</td><td colspan="4"></td></tr>
<tr><td rowspan="3">点号 / 项目 / 步数</td><td></td><td></td><td></td><td></td><td></td><td></td><td></td><td></td><td></td><td></td></tr>
<tr><td colspan="10">实测干密度（g/cm³）</td></tr>
<tr><td colspan="10">实测压实系数</td></tr>
<tr><td rowspan="2">1</td><td></td><td></td><td></td><td></td><td></td><td></td><td></td><td></td><td></td><td></td></tr>
<tr><td></td><td></td><td></td><td></td><td></td><td></td><td></td><td></td><td></td><td></td></tr>
<tr><td rowspan="2">2</td><td></td><td></td><td></td><td></td><td></td><td></td><td></td><td></td><td></td><td></td></tr>
<tr><td></td><td></td><td></td><td></td><td></td><td></td><td></td><td></td><td></td><td></td></tr>
<tr><td rowspan="2">3</td><td></td><td></td><td></td><td></td><td></td><td></td><td></td><td></td><td></td><td></td></tr>
<tr><td></td><td></td><td></td><td></td><td></td><td></td><td></td><td></td><td></td><td></td></tr>
<tr><td rowspan="2">4</td><td></td><td></td><td></td><td></td><td></td><td></td><td></td><td></td><td></td><td></td></tr>
<tr><td></td><td></td><td></td><td></td><td></td><td></td><td></td><td></td><td></td><td></td></tr>
<tr><td colspan="11">取样位置简图（附图）</td></tr>
<tr><td>检测依据</td><td colspan="10"></td></tr>
<tr><td>检测结果</td><td colspan="10"></td></tr>
<tr><td>备　　注</td><td colspan="10"></td></tr>
<tr><td>检测单位地址</td><td colspan="5"></td><td colspan="2">联系电话</td><td colspan="3"></td></tr>
</table>

检测单位：（盖章）　　批准：　　审核：　　检测：　　　　年　　月　　日

2. 钢筋连接施工试验记录

钢筋连接试验报告（表 3.64）中要写明工程名称、钢筋级别、接头类型、规格、代表数量、检验形式、实验数据、试验日期和试验结果。

采用机械连接接头的方法施工时，技术提供单位应提交由有相应资质等级的检测机构出具的型式检验报告。

表3.64　　　　钢筋连接试验报告

<table>
<tr><td colspan="2">工程名称及部位</td><td colspan="6"></td><td colspan="2">试件编号</td><td colspan="3"></td></tr>
<tr><td colspan="2">委托单位</td><td colspan="6"></td><td colspan="2">实验委托人</td><td colspan="3"></td></tr>
<tr><td colspan="2">接头类型</td><td colspan="6"></td><td colspan="2">检验形式</td><td colspan="3"></td></tr>
<tr><td colspan="2">设计要求接头
性能等级</td><td colspan="6"></td><td colspan="2">代表数量/个</td><td colspan="3"></td></tr>
<tr><td colspan="2">连接钢筋种类
及牌号</td><td colspan="3"></td><td colspan="2">公称直径
（mm）</td><td></td><td colspan="2">原材实验编号</td><td colspan="3"></td></tr>
<tr><td colspan="2">操作人</td><td colspan="3"></td><td colspan="2">来样日期</td><td></td><td colspan="2">试验日期</td><td colspan="3"></td></tr>
<tr><td colspan="5">接头试件</td><td colspan="3">母材试件</td><td colspan="4">弯曲试件</td><td rowspan="2">备注</td></tr>
<tr><td>公称面积
（mm²）</td><td colspan="2">抗拉强度
（MPa）</td><td colspan="2">断裂特征
及位置</td><td colspan="2">实测面积
（mm²）</td><td>抗拉强度
（MPa）</td><td>弯心直径
（mm）</td><td colspan="2">角度
（°）</td><td>结果</td></tr>
<tr><td></td><td colspan="2"></td><td colspan="2"></td><td colspan="2"></td><td></td><td></td><td colspan="2"></td><td></td><td></td></tr>
<tr><td></td><td colspan="2"></td><td colspan="2"></td><td colspan="2"></td><td></td><td></td><td colspan="2"></td><td></td><td></td></tr>
<tr><td>结论</td><td colspan="12"></td></tr>
<tr><td>批准</td><td colspan="3"></td><td colspan="2">审核</td><td colspan="2"></td><td colspan="2">实验</td><td colspan="3"></td></tr>
<tr><td>试验单位</td><td colspan="5"></td><td colspan="2">报告日期</td><td colspan="5"></td></tr>
</table>

注　本表由检测机构提供，建设单位、施工单位、流域机构档案馆各保存1份。

任务3.5　施工过程记录文件资料的形成与整理

【任务及目标】 施工记录是施工单位在施工中留下的工作见证，它直接反映整个施工过程的质量，验证施工单位的质量体系的运转情况，是非常重要的施工技术文件资料。本任务主要阐述了施工单位在建设具体过程所应形成的施工管理及施工记录文件资料的内容与要求，使学生能正确填写相关的主要文件表格资料，清楚此类文件资料的形成与整理。

3.5.1　施工过程记录文件资料的主要内容

在工程施工阶段，除了形成大量的开工文件资料、验收文件资料及材料、设备试验检测文件资料外，施工单位还会生成反映施工每一个环节的真实、精确、全面、及时的记录文件资料，如：隐蔽工程检查、验收记录；设计变更、洽商记录；工程测量、放线记录；交接记录；新材料、新技术、新工艺施工记录；施工日志；基础处理、基础工程施工、桩基工程、地基验槽记录；设备及管线焊接实验记录、报告、施工检验、探伤记录；建（构）筑物沉降观测测量记录；混凝土施工记录；工程质量事故报告单和工程质量事故及事故原因调查、处理记录等。

此类文件资料我们可根据其具体性质划分为：①施工管理文件资料；②施工技术文件资料；③施工测量记录文件资料；④施工物资文件资料；⑤计量与支付文件资料等。其中，有些文件资料在前面的任务中已讲述，在此不重复讲解。

3.5.2　施工过程记录文件资料的填写要求

（1）施工记录必须清晰、真实并可追溯。

（2）施工记录如需修改，以划改为主。划改时，在原数据/文字上划一斜杠，在旁边的空白处写上正确的数据，如旁边空白处不够，可用箭头引至别处填写，也可注明附页填写，然后，务必要签上划改人的姓名和划改日期（或盖章）及原因，以便追溯；同时注意，划改须保持原数据可辨认，不允许使用涂改液或其他擦除错误的方式进行修改。无须填写的内容，写“/”，凡涂、贴、刮方式改动的施工记录表格一律作废。

（3）填写施工记录时，一律用钢笔/签字笔填写。填写时字迹要清晰、整齐、能准确识别，填写人员签名时必须填写全名。

（4）施工记录填写中，应采用法定计量单位。

（5）施工记录中的示意图应正确绘制，不得徒手勾画。

（6）电脑打印的施工记录，签名应亲笔填写。

3.5.3　施工过程记录文件资料的形成与整理

3.5.3.1　施工管理文件资料的整编

1. 施工现场质量管理检查记录表

（1）水利工程中此表要根据监理单位的要求来决定是否填写；建筑工程中为必须填写文件。

（2）建筑工程项目经理部应建立质量责任制度及现场管理制度，健全质量管理体系，执行施工技术标准，审查资质证书、施工图、地质勘察文件资料和施工技术文件等。

（3）施工单位应按规定填写“施工现场质量管理检查记录”（表 3.65），报项目总监理工程师（或建设单位项目负责人）检查，并做出检查结论。

表 3.65　　施工现场质量管理检查记录表（例）　　××××年××月××日

<table>
<tr><td>工程名称</td><td colspan="3">×××××××××工程</td><td colspan="2">建设工程施工许可证</td><td>编号：×××××</td></tr>
<tr><td>建设单位</td><td colspan="3">××××××××</td><td colspan="2">项目负责人</td><td>×××</td></tr>
<tr><td>设计单位</td><td colspan="3">××××××××</td><td colspan="2">项目负责人</td><td>×××</td></tr>
<tr><td>监理单位</td><td colspan="3">××××××××</td><td colspan="2">总监理工程师</td><td>×××</td></tr>
<tr><td>施工单位</td><td colspan="2">××××××××</td><td>项目经理</td><td>×××</td><td>项目技术负责人</td><td>×××</td></tr>
<tr><td>序号</td><td colspan="2">项　　目</td><td colspan="4">内　　容</td></tr>
<tr><td>1</td><td colspan="2">现场质量管理制度</td><td colspan="4">①质量例会制度；②月评比及奖罚制度；③三检及交接检制度；④质量与经济挂钩制度</td></tr>
<tr><td>2</td><td colspan="2">质量责任制</td><td colspan="4">①岗位责任制；②设计交底会制度；③技术交底制；④挂牌制度</td></tr>
<tr><td>3</td><td colspan="2">主要专业工种操作上岗证书</td><td colspan="4">测量工、钢筋工、起重工、电焊工、架子工有证</td></tr>
<tr><td>4</td><td colspan="2">分包方资质与对分包单位的管理制度</td><td colspan="4">/</td></tr>
<tr><td>5</td><td colspan="2">施工图审查情况</td><td colspan="4">审查报告及审查批准书京设 02006</td></tr>
<tr><td>6</td><td colspan="2">地质勘察资料</td><td colspan="4">地质报告书</td></tr>
<tr><td>7</td><td colspan="2">施工组织设计、施工方案及审批</td><td colspan="4">施工组织设计、编制、审核、批准齐全</td></tr>
</table>

续表

序号	项　　目	内　　容
8	施工技术标准	有模板、钢筋、混凝土灌注等20多种
9	工程质量检验制度	①有原材料及施工检验制度；②抽测项目的检测计划
10	搅拌站及计量设置	有管理制度的计量设施精确度及控制措施
11	现场材料、设备存放与管理	钢材、砂、石、水泥及玻璃、地面砖的管理办法
(上述内容由施工单位填写) 检查结论： 现场质量管理制度基本完整。 总监理工程师（签字）：××× （建设单位项目负责人）　　××××年××月××日		

2. 施工日志

(1) 填写要求：

1) 施工日志是重要的工程施工技术履历档案，应按单位或单项工程分别单独填写，并纳入竣工文件。不得几项工程混合或交叉填写。施工日志是施工活动的原始记录，是编制施工文件、积累资料、总结施工经验的重要依据。

2) 施工日志由工程施工负责人或技术负责人按规定内容逐日连续填写，不得隔日、跳日或断日填写；字迹工整清晰，不得涂改；应采用蓝黑或碳素墨汁笔书写，不得使用其他墨汁书写或电脑打印；“记录”栏中应连续填写，不得出现空白行、段和页；对需要补充的内容应在“备注”栏中书写，对记录问题的地方应在“备注”栏中用“*”标识并注明纠正和验证情况的记录页码。

3) 施工日志记录应详略得当，突出重点，着重记录与工程质量形成过程有关的内容，确保工程质量具有可追溯性。与工程施工和质量形成无关的内容不得写入其中。

4) 施工日志填写内容应根据工程实际情况确定，一般应含工程概况、当日生产情况、技术质量安全情况、施工中发生的问题及处理情况、各专业配合情况、安全生产情况等。

(2) 填写内容：

1) 在首页上单独描述本工程的基本概况。主要包括设计概括、主要施工负责人、技术负责人、质检工程师、监理工程师、开工及竣工日期等。

2) 在施工日志的顶端应写上工程地点（里程或部位)、日期、气候等。

3) 按施工先后顺序如实记录工程形成的全过程，主要包括以下内容：

a. 当日生产情况记录（包括施工部位、施工内容、施工主要机械设备及人员投入、生产中存在的问题)，当日技术质量安全工作记录（单元、工序等的检查验收情况，存在的质量、安全等方面的问题)，材料、设备进场使用情况。

b. 业主、监理、上级领导针对该工程项目的指令及要求等。

c. 工程进度情况及当日完成情况（是否满足进度计划要求)。

d. 施工中发生的各种问题，如施工现场情况与设计图纸不符，设计变更，发生质量缺陷、质量事故，施工过程中存在安全隐患，发生安全事故及其后具体的处理情况。

4）施工日志中记录的问题必须有纠正和验证记录，做到问题闭合。

5）施工日志的表格格式一般由当地质量监督部门指定。

3. 施工月报

施工月报是施工过程中的重要文件资料，是对每月工程施工进度、质量、资金和出现的问题情况进行的一次本合同段工程总体形象的全面阐述，以便建设各方全面及时了解工地施工活动和施工管理情况。施工月报由施工单位项目经理主持编写，每月 25 日编写并向监理机构申报，监理机构签收后，送发包人 1 份，返施工单位 1 份，监理机构 1 份。

施工月报主要内容包括：本合同段的施工总体形象，在建各分部工程进展情况和主要施工内容、施工进度、施工质量、完成施工工程量；施工大事记及本月存在的问题及建议。

施工月报申报格式见《水利工程施工监理规范》（SL 288—2014）中的表格式样 CB34（表 3.66），具体月报封面见表 3.67。

施工月报中要有 9 个附表，即原材料/中间产品使用情况月报表；原材料/中间产品检验月报表；主要施工设备情况月报表；现场人员情况月报表；施工质量检测月汇总表；施工质量缺陷月报表；工程事故月报表；合同完成额月汇总表［（一级项目）合同完成额月汇总表］和主要实物工程量月汇总表。

表 3.66　　　　CB34 施工月报表（　　年　　月）

（承包［　］月报　　号）

合同名称：　　　　　　　　　　　　　　　　　　合同编号：

致（监理机构）： 现呈报我方编写的____年____月施工月报（____年____月____日至____年____月____日），请贵方审阅。 附件：施工月报。 承 包 人：（现场机构名称及盖章） 项目经理：（签名） 日　　期：　　年　　月　　日
今已收到__________（承包人全称）所报____年____月的施工月报及附件共____份。 监理机构：（名称及盖章） 签 收 人：（签名） 日　　期：　　年　　月　　日

说明：施工月报表一式____份，由承包人填写，每月____日前报监理机构，监理机构签收后返回承包人____份，发包人____份、监理机构____份。

表 3.67　　施工月报封面式样

（例） 施　工　月　报 ___年　第___期 ___年___月___日至___年___月___日 工程名称：__________ 合同编号：__________ 承　包　人：（现场机构名称及盖章） 项目经理：__________ 日　　期：___年___月___日	目　　录 1. 综述 2. 现场机构运行情况 3. 工程总体形象进度 4. 工程施工内容 5. 工程施工进度 6. 工程施工质量 7. 完成合同工程量及金额 8. 安全、文明施工及施工环境管理 9. 现场资源投入等合同履约情况 10. 下月进度计划及工作安排 11. 需解决或协商的问题及建议 12. 施工大事记 13. 附表 （1）原材料/中间产品使用情况月报表 （2）原材料/中间产品检验月报表 （3）主要施工设备情况月报表 （4）现场人员情况月报表 （5）施工质量检测月汇总表 （6）施工质量缺陷月报表 （7）工程事故月报表 （8）合同完成额月汇总表 （9）主要实物工程量月汇总表

4. 施工质量缺陷和工程质量事故报告

质量缺陷和质量事故均属于工程质量问题，但两者造成的质量问题的严重程度不同。事故通常表现为建筑结构局部或整体的临近破坏、破坏和倒塌，如某梁的断裂；而缺陷仅表现为具有影响正常使用（或后道工序作业）以及承载力、耐久性和完整性的种种隐藏的和显露的不足。缺陷往往是产生事故的直接或间接原因，而事故往往是缺陷的质变和经久不加处理的后果。

《水利水电工程施工质量检验与评定规程》（SL 176—2007）规定在施工过程中，因特殊原因使得工程个别部位或局部发生达不到技术标准和设计要求（但不影响使用），且未能及时进行处理的工程质量缺陷问题（质量评定仍为合格），应以工程质量缺陷备案的形式进行记录备案。质量缺陷备案表放在监理文件资料整编讲述。

（1）施工质量缺陷。以混凝土工程为例，常见的施工质量缺陷有麻面、蜂窝、露筋、空洞（狗洞）、裂缝、层间缝错台挂帘等，发现施工缺陷后，施工单位应及时详细进行缺陷检查并向监理机构申报《施工质量缺陷处理方案报审表》（表 3.68）和《施工质量缺陷处理措施计划报审表》（表 3.69）。

表 3.68　　　　CB19 施工质量缺陷处理方案报审表

（承包［　］缺方　　号）

合同名称：　　　　　　　　　　　　　　　合同编号：

<table>
<tr><td colspan="2">致（监理机构）：
我方今提交____________________施工质量缺陷处理方案，请贵方审批。
附件：1. ____________________施工质量缺陷处理方案。
2.

承 包 人：（现场机构名称及盖章）
项目经理：（签名）
日　　期：　　年　　月　　日</td></tr>
<tr><td>监理机构
意　　见</td><td>监 理 机 构：（名称及盖章）
总监理工程师：（签名）
日　　　期：　　年　　月　　日</td></tr>
<tr><td>设代机构
意　　见</td><td>设代机构：（名称及盖章）
负 责 人：（签名）
日　　期：　　年　　月　　日</td></tr>
<tr><td>发包人
意　见</td><td>发包人：（名称及盖章）
负责人：（签名）
日　期：　　年　　月　　日</td></tr>
</table>

说明：1. 本表由承包人填写，应经监理机构批准，必要时应由设代机构和发包人确认。
　　2. 本表一式____份，发包人____份、设代机构____份、监理机构____份、承包人____份。

表 3.69　　　　CB20 施工质量缺陷处理措施计划报审表

（承包［　］缺陷　　号）

合同名称：　　　　　　　　　　　　　　　合同编号：

<table>
<tr><td>致（监理机构）：
我方今提交____________________工程的施工质量缺陷处理措施计划报审表，请贵方审批。
附件：施工质量缺陷处理方案。

承 包 人：（现场机构名称及盖章）
项目经理：（签名）
日　　期：　　年　　月　　日</td></tr>
</table>

续表

单位工程名称		分部工程名称	
单元工程名称		单元工程编码	
质量缺陷工程部位			
质量缺陷情况简要说明			
拟采用的施工质量缺陷处理措施计划简述			
缺陷处理时段	年 月 日至 年 月 日		
审批意见： 监 理 机 构：(名称及盖章) 监理工程师：(签名) 日 期： 年 月 日			

说明：本表一式____份，由承包方填写。监理机构审批后，发包人____份、监理机构____份、承包人____份。

(2) 工程质量事故调（勘）查记录。水利工程质量事故调（勘）查记录（表3.70）是当工程发生质量事故后，调查人员对工程质量事故进行初步调查了解和现场勘察所形成的记录。

表3.70　　水利工程质量事故调（勘）查记录

编号：

工程名称			发生/发现日期		年 月 日	
调（勘）查时间	年 月 日 时 分至 时 分					
勘察地点						
参加人员	单 位	姓名	性别	年龄	职务	电话等其他
被调查人						
陪同调（勘）查人员						
调（勘）记录：						
现场物证照片	□有	□无	共 张	共 页		
事故证据资料	□有	□无	共 张	共 页		
被调查人签字		调（勘）查人				

注　本表由调查人填写，各有关单位均保存一份。本表格由当地质量监督机构提供。

(3) 工程质量事故报告单。工程发生重大质量事故后，调查人员应如实填写工程质量事故报告单（表3.71），并交各有关单位保存。

表 3.71

CB21 事故报告单

（承包[ ]事故 号）

合同名称： 合同编号：

致（监理机构）： ____年__月__日__时，在________发生________事故，现将事故发生情况报告如下： 1. 事故简述： 2. 已采取的应急措施： 3. 初步处理意见： 承 包 人：（现场机构名称及盖章） 项目经理：（签名） 日 期： 年 月 日
监理机构意见： 监 理 机 构：（名称及盖章） 总监理工程师：（签名） 日 期： 年 月 日

说明：本表一式___份，由承包人填写，监理机构签署意见后，发包人___份、监理机构___份、承包人___份。

3.5.3.2 施工技术文件资料整编

1. 施工技术、安全交底记录

技术安全交底是水利施工企业极为重要的一项技术管理工作，其目的是使参与工程施工的技术人员与工人熟悉和了解所承担的工程项目的特点、设计意图、技术要求、施工工艺及应注意的问题，是工程项目顺利实施的一项重要措施。所以技术安全交底对保证施工质量和工效、确保安全生产和文明施工都有着积极的作用。

（1）技术安全交底规定：

1）重点和大型工程施工组织设计交底应由施工企业的技术负责人把主要设计要求、施工措施以及重要事项对项目主要管理人员进行交底，其他工程施工组织设计交底应由项目技术负责人进行交底。

2）专项施工方案技术交底应由项目专业技术负责人负责，根据专项施工方案对专业工长进行交底。

3）单元(工序)工程施工技术交底应由专业工长对专业施工班组(或专业分包)进行交底。

4）“四新”（新材料、新产品、新技术、新工艺）技术交底应由项目技术负责人组织有关专业人员编制。

5）设计变更技术交底应由项目技术部门根据变更要求，并结合具体施工步骤、措施及注意事项等对专业工长进行交底。

（2）技术安全交底记录：

1）技术安全交底记录（表 3.15 和表 3.16）应包括施工组织设计交底、专项施工方案技术安全交底、分部工程施工技术交底、“四新”技术交底和设计变更技术交底。各项交底应有文字记录，交底双方签认应齐全。

2）每一个作业活动的安全技术交底必须细致、全面、有针对性，需要绘制示意图时，须由编制交底人依据规范和现场实际情况绘制。

2. 施工组织设计文件

施工组织设计是研究施工条件、选择施工方案、对工程施工全过程实施组织和管理的指导性文件，其根本目的是做好人力物力的综合平衡，实现均衡、连续、有节奏的施工。

（1）施工组织设计的内容：

1）工程概况。

2）开工前的施工准备。

3）组织管理机构。

4）施工部署与施工方案。

5）施工进度计划。

6）施工现场平面布置图。

7）劳动力、机械设备、材料和构件等供应计划。

8）质量、安全、文明和环境施工保证措施。

在上述几项基本内容中，第4）、5）、6）项是施工组织设计的核心部分。

（2）施工组织设计编制的主要依据：

1）《水利水电工程施工组织设计规范》（SL 303—2004）。

2）招投标文件、施工合同、设计图纸和设计文件。

3）相关施工规范、规程，工程所在地区有关基本建设的法规或条例，地方政府、业主对本工程建设的要求。

4）施工单位的施工装备、管理水平和技术特点。

5）工程所在地区和河流的自然条件（地形、地质、水文、气象特征和当地建材情况等）、施工电源、水源及水质、交通、环境保护、旅游、防洪、灌溉、航运、供水等现状和近期发展规划。

6）当地城镇现有修配、加工能力，生活、生产物资和劳动力供应条件，居民生活、卫生习惯等。

（3）施工组织设计文件的形成方式。施工单位在相应施工开工前，施工组织设计文件要以《CB01 施工技术方案申报表》（表3.5）向监理机构提出申报，监理机构审核通过后，才能组织实施。

3. 设计变更通知单

（1）设计变更通知单是施工图纸的补充和修改的记载，是现场施工的依据。水利工程中设计变更的内容很多，如果是设计单位提出的，则由监理机构给施工单位下发《JL12 变更指示》（表3.72），施工单位根据变更指示提出相应的《CB24 变更申请表》（表3.73），并附变更实施方案；如果是施工单位提出的，应相应提出《CB24 变更申报表》，并附变更建议书，经建设单位、设计单位、监理单位审核同意后，监理机构给施工单位下发《JL12 变更指示》。建设单位、监理单位、施工单位各保存一份。

表 3.72 **JL12 变更指示**

（监理［ ］变指 号）

合同名称： 合同编号：

致（承包人现场机构）： 现决定对如下项目进行变更，贵方应根据本指示于____年____月____日前提交相应的施工措施计划和变更报价。 变更项目名称： 变更内容简述： 变更工程量估计： 变更技术要求： 变更进度要求： 附件：1. 变更项目清单（含估算工程量）及说明。 2. 设计文件、施工图纸（若有）。 3. 其他变更依据。 监理机构：（全称及盖章） 总监理工程师：（签名） 日期： 年 月 日
承包人：（现场机构名称及盖章） 签收人：（签名） 日期： 年 月 日

说明：本表一式____份，由监理机构填写，承包人签收后，承包人____份、监理机构____份、发包人____份、设代机构____份。

表 3.73 **CB24 变更申报表**

（承包［ ］变更 号）

合同名称： 合同编号：

致（监理机构）： 我方□根据贵方变更意向书/□依据贵方变更指示（监理［ ］变指 号）/由于________原因，现提交□变更实施方案/□变更建议书，请贵方审批。 附件：□变更建议书（承包人提出的变更建议，应附变更建议书）。 □变更实施方案（承包人收到监理机构发出的变更意向书或变更指示，应提交变更实施方案）。 承包人：（现场机构名称及盖章） 项目经理：（签名） 日期： 年 月 日
监理机构另行签发审批意见： 监理机构：（名称及盖章） 签收人：（签名） 日期： 年 月 日

说明：本表一式____份，由承包人填写。监理机构签收后，发包人____份、监理机构____份、承包人____份。

（2）建设单位提出设计变更时，必须经设计单位同意。不同专业的设计变更应分别办理，不得办理在同一份设计变更通知单上。

（3）设计单位应及时下达设计变更通知单，内容翔实，必要时应附图，并逐条注明应修改图纸的图号。设计变更通知单应由设计专业负责人以及建设（监理）和施工单位的相关负责人签认。

（4）监理单位下发变更指示单后，施工单位要申报变更项目价格申报表。监理单位要有变更项目价格审核表和变更项目价格/工期确认单所对应。以上表格见《水利工程施工监理规范》（SL 288—2014）中的CB25、CB26、CB27和JL13、JL14表格文件。

（5）若变更要求是由施工方提出的，按上面表格申报，但最终要由设计单位最终确认签发才有效。

3.5.3.3　施工安全管理文件资料整编

安全文件资料是施工现场安全管理的真实记录，是对企业安全管理检查和评价的重要依据。安全文件资料的归档和完善有利于企业各项安全生产制度的落实，有利于强化施工全过程、全方位和动态的安全管理，对加强施工现场管理、提高安全生产、文明施工管理水平起到积极的推动作用；有利于总结经验、吸取教训，为更好地贯彻执行“安全第一、预防为主”的安全生产方针，保护职工在生产过程中的安全和健康，为预防事故发生提供理论依据。工程所有的安全管理文件资料见表3.74。

表3.74　施工现场安全技术资料目录

序号	内容		备注	页码
一	安全生产责任制	1. 各级管理人员安全生产责任制	工地存档，悬挂于办公室	
		2. 管理人员花名册	工地存档	
		3. 管理人员安全生产责任制执行情况与考核记录	工地存档	
		4. 承包合同	工地存档	
		5. 各工种安全技术操作规程	工地存档，在各工作区悬挂	
		6. 安全员、项目经理安全资格证书	工地存档	
		7. 安全值班	工地存档，安全值班表悬挂于办公室	
二	目标管理	1. 安全管理目标	工地存档	
		2. 安全责任目标分解	工地存档	
		3. 安全责任目标考核规定	工地存档	
		4. 安全责任目标考核记录	工地存档	
三	安全施工组织设计	1. 安全施工组织设计	工地存档	
		2. 专业性较强项目安全施工组织设计（方案）	工地存档	
四	技术交底	1. 分部、单元工程技术交底	工地存档	
		2. 各工种安全技术交底	工地存档	
五	安全检查	1. 安全检查制度	工地存档	
		2. 安全检查记录	工地存档	
		3. 隐患整改报告书	工地存档	
		4. 建设工程重大安全隐患停工整改通知书	工地存档	
		5. 建设工程重大安全隐患停工整改后申请复查报告书	工地存档	

续表

序号		内　　容	备　　注	页码
六	安全教育	1. 安全教育与培训制度	工地存档	
		2. 职工安全教育培训花名册	工地存档	
		3. 项目安全教育档案	工地存档	
七	班前安全活动	1. 班前安全活动制度	工地存档	
		2. 班前安全活动记录	工地存档	
八	特种作业持证上岗	1. 特种作业人员管理制度	工地存档	
		2. 特种作业人员花名册	工地存档	
		3. 特种作业人员证件管理	工地存档	
九	工伤事故处理	1. 工伤事故报告、调查处理和统计制度	工地存档	
		2. 施工现场职工伤亡事故月报表	工地存档	
		3. 伤亡事故及重大未遂事故记录	工地存档	
		4. 因工伤亡事故调查处理报告	工地存档	
		5. 职工意外伤害保险	工地存档	
十	安全标志	1. 安全标志台账	工地存档	
		2. 施工现场安全标志布置总平面图	工地存档	
十一	安全防护临时设施费与备案管理	1. 安全防护、临时设施费与管理制度	工地存档	
		2. 安全防护、临时设施文明施工费统计表	工地存档	
		3. 安全防护用具及机械设备管理	工地存档	
十二	各类设备设施检查检测记录	1. 基坑支护检查记录	工地存档	
		2. 模板工程检查记录	工地存档	
		3. 临时用电检查记录	工地存档	
		4. 脚手架检查记录	工地存档	
		5. 搅拌机检查记录	工地存档	
		6. 弯曲机检查记录	工地存档	
		7. 钢筋冷拉机检查记录	工地存档	
		8. 电焊机检查记录	工地存档	
		9. 平刨检查记录	工地存档	
		10. 圆盘锯检查记录	工地存档	
		11. 搅拌站检查记录	工地存档	
		12. 灌浆检查记录	工地存档	
		13. 挖掘机检查记录	工地存档	
		14. 推土机检查记录	工地存档	

续表

序号	内　　容		备　　注	页码
十二	各类设备设施检查检测记录	15. 装载机检查记录	工地存档	
		16. 爆破检查记录	工地存档	
		17. 施工机械维修保养记录	工地存档	
		18. 接地电阻测试记录	工地存档	
		19. 绝缘电阻测试记录	工地存档	
		20. 电工巡视维修记录	工地存档	
		21. 机械设备交接班记录	工地存档	
十三	文明施工	1. 文明施工管理制度	工地存档	
		2. 宿舍管理制度	工地存档	
		3. 消防制度	工地存档	
		4. 六牌一图	悬挂于大门口处	
		5. 卫生责任制	工地存档	
		6. 工作人员健康证	工地存档	
		7. 急救措施、急救人员上岗证	工地存档	
		8. 卫生防病宣传教育材料	工地存档	

1. 安全文件资料的管理

(1) 项目经理部应建立文明安全管理系统运行必要的安全记录，其中包括台账、报表、原始记录等。文件资料的整理应做到现场实物与记录符合，行为与记录符合，以便更好地反映安全管理的全貌和全过程。

(2) 项目设专职或兼职安全资料员，应及时收集、整理安全文件资料。安全记录的建立、收集和整理，应按照国家、行业、地方和上级的有关规定，确定安全记录的种类和格式。

(3) 当规定表格不能满足安全记录需要时，安全保证计划中应补充新的记录表。

(4) 确定安全记录的部门或相关人员，实行按岗位职责分工编写，按照规定收集、整理包括分包单位在内的各类安全管理资料的要求，并装订成册。

(5) 对安全记录进行标识、编目和立卷，并符合国家、行业、地方或上级有关规定。

2. 安全文件资料的保存

(1) 安全文件资料按篇及编号分别装订成册，装入档案盒内。

(2) 安全文件资料集中存放于资料柜内，加锁并设专人负责管理，以防丢失损坏。

(3) 工程竣工后，安全文件资料上交公司档案室保管，备查。

3.5.3.4　计量与支付文件资料整编

1. 计量与支付文件的内容

计量：对承包人已完成的质量合格的工作，按合同规定的计量方式与方法，确认其工作量（工程量）。

支付：根据确认的工程（工作）量，按合同规定的价格及支付方法付款给承包人，包括：

(1) 前期支付：动员预付款、履约保函、保险等。

(2) 中期支付：在工程进行过程中，根据承包人的申请按合同的有关规定，对承包人已完成的工程付款，包括工程款、暂定金、计日工、材料设备预付款、工程变更、保留金、索赔、价格调整、迟付款利息、对指定分包人的支付、合同中止后支付、工程交工支付等。

(3) 最终支付：签发《工程缺陷责任终止证书》后，根据承包人的申请，按照合同的有关规定，对全部工程付款。

2. 主要计量依据

(1) 工程量清单及说明（重要依据）。

(2) 合同图纸。

(3) 工程变更令及修订的工程量清单。

(4) 合同条件。

(5) 技术规范。

(6) 有关计量的补充协议（包括价格调整）。

(7) 索赔时间/金额审批表。

3. 计量原则

(1) 不符合合同文件要求的工程，不得计量。

(2) 按合同文件所规定的方法、范围、内容、单位计量。

(3) 按监理工程师、设计单位、业主协商同意的计量方法计量。

4. 工程计量的程序

(1) 计量通知和申请。工程需要计量，监理工程师应审查承包人提出的计量申请或向承包人发出计量通知。

(2) 审查有关文件资料。监理工程师必须检查承包人为计量准备的有关文件资料，发现问题或文件资料不全，应退还承包人，暂不进行计量。

(3) 填写中间计量表。必须清楚真实地填写计量结果，对承包人在合同规定的时间内提出的异议，应进一步检查计量记录。

(4) 承包人编制计量支付报表。

(5) 计量支付报表报监理工程师审查签认。

(6) 业主工程、财务部门审查计量支付报表，有关领导签发支付证书。

5. 计量方法

各个项目的计量原则和方法，一般在规范或工程量清单前言中均作出规定，实际计量方法必须与合同文件中所规定的计量方法相一致。一般情况下有以下几种方法：

(1) 现场测量。

(2) 按设计图纸测算。

(3) 仪表测量。

(4) 按单据计算。

(5) 按工程师批准计量。

6. 工程计量的程序

(1) 工程项目开工前，监理机构应监督承包人按有关规定或施工合同约定完成原始地形的测绘，并审核测绘成果。

（2）在接到承包人提交的工程计量报验单和有关计量资料后，监理机构应在合同约定的时间内进行复核，确定结算工程量，据此计算工程价款。当工程计量数据有异议时，监理机构可要求与承包人共同复核或抽样复测；承包人未按监理机构要求参加复核，监理机构复核或修正的工程量视为结算工程量。

（3）监理机构认为有必要时，可通知发包人和承包人共同联合计量。

（4）当承包人完成了工程量清单中每个子目的工程量后，监理机构应要求承包人派员共同对每个子目的历次计量报表进行汇总和总体量测，核实该子目的最终计量工程量；承包人未按监理机构要求派员参加的，监理机构最终核实的工程量视为该子目的最终计量工程量。

7. 计量工作的实施

（1）工程量申报。每完成一项工作，承包单位都要向监理单位进行工程量计量报验，见表3.75。

表3.75　　CB30 工程计量报验单

（承包［　］计报　　号）

合同名称：　　　　　　　　　　　　　　　　合同编号：

<table>
<tr><td colspan="8">致（监理机构）：
我方按施工合同约定已完成下列项目的施工，其工程质量经检验合格，并依据合同进行了计量。现提交计量结果，请贵方审核。

承　包　人：（现场机构名称及盖章）
项目经理：（签名）
日　　期：　　年　　月　　日</td></tr>
<tr><td>一</td><td colspan="7">合同分类分项项目（含变更项目）</td></tr>
<tr><td>序号</td><td>项目编码</td><td>项目编号</td><td>项目名称</td><td>单位</td><td>申报工程量</td><td>监理核实工程量</td><td>备注</td></tr>
<tr><td>1</td><td></td><td></td><td></td><td></td><td></td><td></td><td></td></tr>
<tr><td>2</td><td></td><td></td><td></td><td></td><td></td><td></td><td></td></tr>
<tr><td></td><td></td><td></td><td></td><td></td><td></td><td></td><td></td></tr>
<tr><td>二</td><td colspan="7">合同措施项目（含变更项目）</td></tr>
<tr><td>序号</td><td>项目编号</td><td colspan="2">项目名称</td><td>合价</td><td>本次申报</td><td>监理核实</td><td>备注</td></tr>
<tr><td>1</td><td></td><td colspan="2"></td><td></td><td></td><td></td><td></td></tr>
<tr><td>2</td><td></td><td colspan="2"></td><td></td><td></td><td></td><td></td></tr>
<tr><td></td><td></td><td colspan="2"></td><td></td><td></td><td></td><td></td></tr>
<tr><td colspan="8">附件：计量测量、计算等资料。</td></tr>
<tr><td colspan="8">核准意见：

监 理 机 构：（名称及盖章）
监理工程师：（签名）
日　　期：　　年　　月　　日</td></tr>
</table>

说明：1. 本表一式____份，由承包人填写。监理机构审核后，发包人____份、监理机构____份、承包人____份，作为当月已完工程量汇总表的附件使用。

2. 本表中的项目编码是指《水利工程工程量清单计价规范》（GB 50501—2007）中的项目编码，项目编号是指合同工程量清单的项目编号。

支付工程量并不是工程量清单中所标明的工程量（称估计工程量），也不是承包商实际所完成的工程量（实际工程量）。例如隧洞开挖，由于承包商布眼不当而过多地爆落了石方，相应地也增加了混凝土回填量，这种实际上完成的工程量是不应予以支付的，因为这是承包商工作不当造成的，理应由承包商承担。

计日工亦称“点工”，是指监理工程师认为工程的某些变动有必要，或认为按计日工作制适宜于承包商开展工作，以工作天数为基础进行计量与支付便于结算，而采用的一种工作制度，见《CB31 计日工单价报审表》（表 3.76）和《CB32 计日工工程量签证单》（表 3.77）。

表 3.76　　**CB31 计日工单价报审表**

（承包［　］计审　　号）

合同名称：　　　　　　　　　　　　　　　　合同编号：

致（监理机构）：

我方按要求完成了下列计日工项目，现按施工合同约定申报计日工单价，请贵方审核。

附件：单价分析表。

承　包　人：（现场机构名称及盖章）
项目经理：（签名）
日　　期：　　年　　月　　日

序号	计日工内容	单位	申报单价	监理审核单价	发包人核准单价
1					
2					

审核意见：

监　理　机　构：（名称及盖章）
总监理工程师：（签名）
日　　　期：　　年　　月　　日

核准意见：

发包人：（名称及盖章）
负责人：（签名）
日　期：　　年　　月　　日

说明：本表一式____份，由承包人填写。针对施工合同中未明确约定单价的计日工，报监理机构审核、发包人核准后，发包人____份、监理机构____份、承包人____份，结算时用作附件。

（2）每月的付款。每月 25 日前，施工承包单位要向监理机构申报工程支付月报表《工程进度付款申请单》（表 3.78）及其附件表格（表 3.79～表 3.84）。

1）监理机构应在施工合同约定的时间内，完成对承包人提交的《CB33 工程进度付款申请单》及相关证明材料的审核，同意后签发《JL19 工程进度付款证书》，报发包人。

2）《工程进度付款申请单》应符合下列规定：

表 3.77

CB32 计日工工程量签证单

（承包［　］计签　　号）

合同名称：　　　　　　　　　　　　　　　　　　　　合同编号：

<table>
<tr><td colspan="7">致（监理机构）：
我方按计日工工作通知（监理［　］计通　　号）实施了下列所列项目，现按施工合同约定申报____年____月____日的计日工工程量，请贵方审核。

附件：□人员工作明细
□材料使用明细
□施工设备使用明细

承 包 人：（现场机构名称及盖章）
项目经理：（签名）
日　　期：　　年　　月　　日</td></tr>
<tr><td>序号</td><td>工程项目名称</td><td>计日工内容</td><td>单位</td><td>申报工程量</td><td>核准工程量</td><td>说明</td></tr>
<tr><td>1</td><td></td><td></td><td></td><td></td><td></td><td></td></tr>
<tr><td>2</td><td></td><td></td><td></td><td></td><td></td><td></td></tr>
<tr><td>3</td><td></td><td></td><td></td><td></td><td></td><td></td></tr>
<tr><td></td><td></td><td></td><td></td><td></td><td></td><td></td></tr>
<tr><td colspan="7">审核意见：

监 理 机 构：（现场机构名称及盖章）
监理工程师：（签名）
日　　期：　　年　　月　　日</td></tr>
</table>

说明：本表一式____份，由承包人每个工作日完成后填写。经监理机构审核后，发包人____份、监理机构____份、承包人____份，作结算时使用。

a. 付款申请单填写符合相关要求，支持性证明文件齐全。

b. 申请付款项目、计量与计价符合施工合同约定。

c. 已完工程的计量、计价资料真实、准确、完整。

3）工程进度付款申请单应包括以下内容：

a. 截至上次付款周期末已实施工程的价款。

b. 本次付款周期已实施工程的价款。

c. 应增加或扣减的变更金额。

d. 应增加或扣减的索赔金额。

e. 应支付和扣减的预付款。

f. 应扣减的质量保证金。

g. 价格调整金额。

h. 根据合同约定应增加或扣减的其他金额。

4）工程进度付款属于施工合同的中间支付。监理机构出具《JL19 工程进度付款证书》，不视为监理机构已同意、批准或接受了该部分工作。在对以往历次已签发的《工程进度付款证书》进行汇总和复核中发现错、漏或重复的，监理机构有权予以修正，承包人也有权提出修正申请。

表 3.78　　**CB33　工程进度付款申请单**

（承包［　］进度付　　号）

合同名称：　　　　　　　　　　　　　　　　　　　　合同编号：

致（监理机构）： 我方今申请支付____年____月工程进度付款，总金额为（大写）____________元（小写________元），请贵方审核。 附件： 1. 工程进度付款汇总表。 2. 已完工程量汇总表。 3. 合同分类分项项目进度付款明细表。 4. 合同措施项目进度付款明细表。 5. 变更项目进度付款明细表。 6. 计日工项目进度付款明细表。 7. 索赔确认单清单。 8. 其他。 承 包 人：（现场机构名称及盖章） 项目经理：（签名） 日　　期：　　年　　月　　日
审核后，监理机构将另行签发工程进度付款证书。 监理机构：（名称及盖章） 签 收 人：（签名） 日　　期：　　年　　月　　日

说明：本申请单及附表一式____份，由承包人填写。经监理机构审核后，作为工程进度付款证书的附件报送发包人批准。

表 3.79　　**CB33 附表 1　工程进度付款汇总表**

（承包［　］进度总　　号）

合同名称：　　　　　　　　　　　　　　　　　　　　合同编号：

项　目		截至上期末累计完成额（元）	本期申请金额（元）	截至本期末累计完成额（元）	备注
应付款金额	合同分类分项项目				
	合同措施项目				
	变更项目				
	计日工项目				
	索赔项目				
	小计				
	工程预付款				
	材料预付款				
	小计				
	价格调整				
	延期付款利息				

续表

<table>
<tr><td colspan="2">项　　目</td><td>截至上期末累计完成额（元）</td><td>本期申请金额（元）</td><td>截至本期末累计完成额（元）</td><td>备注</td></tr>
<tr><td rowspan="2">应付款金额</td><td>小计</td><td></td><td></td><td></td><td></td></tr>
<tr><td>其他</td><td></td><td></td><td></td><td></td></tr>
<tr><td colspan="2">应支付金额合计</td><td></td><td></td><td></td><td></td></tr>
<tr><td rowspan="6">扣除金额</td><td>工程预付款</td><td></td><td></td><td></td><td></td></tr>
<tr><td>材料预付款</td><td></td><td></td><td></td><td></td></tr>
<tr><td>小计</td><td></td><td></td><td></td><td></td></tr>
<tr><td>质量保证金</td><td></td><td></td><td></td><td></td></tr>
<tr><td>违约赔偿</td><td></td><td></td><td></td><td></td></tr>
<tr><td>其他</td><td></td><td></td><td></td><td></td></tr>
<tr><td colspan="2">扣除金额合计</td><td></td><td></td><td></td><td></td></tr>
<tr><td colspan="2">本期工程进度付款总金额</td><td></td><td></td><td></td><td></td></tr>
<tr><td colspan="6">本期工程进度付款总金额：　仟　佰　拾　万　仟　佰　拾　元（小写：　　元）</td></tr>
<tr><td colspan="6">承 包 人：（现场机构名称及盖章）
项目经理：（签名）
日　　期：　　年　　月　　日</td></tr>
</table>

说明：本表一式____份，由承包人填写，作为 CB33 的附表。

表 3.80　　CB33 附表 2 已完工程量汇总表

（承包［　］量总　　号）

合同名称：　　　　　　　　　　　　　　合同编号：

<table>
<tr><td colspan="11">致（监理机构）：
　我方现报送本月工程量汇总表如下表，请贵方审核。
　附件：工程计量报验单
　　（1）承包［　］计报　　号
　　（2）承包［　］计报　　号
　　（3）

承 包 人：（现场机构名称及盖章）
项目经理：
日　　期：　　年　　月　　日</td></tr>
<tr><td>一</td><td colspan="10">合同分类分项项目（含变更项目）</td></tr>
<tr><td rowspan="2">序号</td><td rowspan="2">项目编码</td><td rowspan="2">项目编号</td><td rowspan="2">项目名称</td><td rowspan="2">单位</td><td rowspan="2">合同工程量</td><td rowspan="2">截至上期末累计</td><td colspan="2">承包人申报工程量</td><td colspan="2">监理审核工程量</td></tr>
<tr><td>本期申报</td><td>截至本期末累计</td><td>监理审核</td><td>截至本期末累计</td></tr>
<tr><td>1</td><td></td><td></td><td></td><td></td><td></td><td></td><td></td><td></td><td></td><td></td></tr>
<tr><td>2</td><td></td><td></td><td></td><td></td><td></td><td></td><td></td><td></td><td></td><td></td></tr>
</table>

续表

二	合同措施项目（含变更项目）								
序号	项目编号	项目名称	合价	合同工程量	截至上期末累计	承包人申报工程量		监理审核工程量	
						本期申报	截至本期末累计	监理审核	截至本期末累计
1									
2									

审核意见详见上表监理审核意见栏。

监　理　机　构：（名称及盖章）
总监理工程师：（签名）
日　　　期：　　年　　月　　日

说明：1. 本表一式____份，由承包人依据已签认的工程计量报验单填写。监理机构审核后，作为 CB33 的附表。
2. 本表中的项目编码是指《水利工程工程量清单计价规范》（GB 50501—2007）中的项目编码，项目编号是指合同工程量清单的项目编号。

表 3.81　　CB33 附表 3　合同分类分项项目进度付款明细表

（承包［　］分类付　　号）

合同名称：　　　　　　　　　　　　　　　　合同编号：

致（监理机构）：

本期合同分类分项项目进度付款明细表如下表，我方申请支付的合同分类分项项目进度付款总金额为：（大写）________元（小写________元），请贵方审核。

承　包　人：（现场机构名称及盖章）
项目经理：（签字）
日　　期：　　年　　月　　日

序号	项目编号	项目名称	单位	合同工程量	合同价格（元）	截至上期末累计完成		本期承包人申报			本期监理审核意见			截至本期末累计完成	
						工程量	金额（元）	单价	工程量	金额（元）	单价（元）	工程量	金额（元）	工程量	金额（元）
1															
2															
3															
合　计															

审核意见详见上表监理审核意见栏。

监　理　机　构：（名称及盖章）
总监理工程师：（签名）
日　　　期：　　年　　月　　日

说明：1. 本表一式____份，由承包人填写，作为 CB33 的附表。
2. 本表中的项目编号是指合同工程量清单的项目编号。

表 3.82

CB33 附表 4　合同措施项目进度付款明细表

（承包[　]措施付　　号）

合同名称：　　　　　　　　　　　　　　　　　　　　　　　　合同编号：

致（监理机构）：

本期合同措施项目进度付款明细表如下表，我方申请支付的合同措施项目进度付款总金额为（大写）________元（小写________元），请贵方审核。

承 包 人：（现场机构名称及盖章）
项目经理：（签字）
日　　期：　　年　　月　　日

序号	项目名称	合同金额（元）	截至上月末累计支付金额（元）	本期申报支付金额（元）	监理审核本期支付金额（元）	截至本期末累计支付金额（元）	支付比例	备注
1								
2								
3								
合计								

审核意见详见上表监理审核意见栏。

监 理 机 构：（名称及盖章）
总监理工程师：（签名）
日　　期：　　年　　月　　日

说明：本表一式____份，由承包人填写，作为 CB33 的附表。

表 3.83

CB33 附表 5　变更项目进度付款明细表

（承包[　]变更付　　号）

合同名称：　　　　　　　　　　　　　　　　　　　　　　　　合同编号：

致（监理机构）：

根据下列变更指示、变更项目价格/工期确认单和工程计量报验单，现申请变更项目付款总金额为（大写）________元（小写________元），请贵方审核。

1. 变更指示：
（1）监理[　]变指　　号。
（2）监理[　]变指　　号。
（3）
2. 变更项目价格/工期确认单：
（1）监理[　]变确　　号。
（2）监理[　]变确　　号。
（3）
3. 工程计量报验单：
（1）承包[　]计报　　号。
（2）承包[　]计报　　号。
（3）

承 包 人：（现场机构名称及盖章）
项目经理：（签名）
日　　期：　　年　　月　　日

续表

序号	变更项目编号	变更项目名称	单位	截至上期末累计完成		本期承包人申报			本期监理审核意见			截至本期末累计完成	
				工程量	金额（元）	价格（单价或合价）（元）	工程量	金额（元）	价格（单价或合价）（元）	工程量	金额（元）	工程量	金额（元）
1													
2													
合　计													

审核意见详见上表监理审核意见栏。

监　理　机　构：（名称及盖章）
总监理工程师：（签名）
日　　　期：　　年　　月　　日

说明：本表一式____份，由承包人填写，作为 CB33 表的附表。

表 3.84　　CB33 附表 6　计日工项目进度付款明细表

（承包［　］计付　　号）

合同名称：　　　　　　　　　　　　　　合同编号：

致（监理机构）：

现申报本期计日工项目进度付款，总金额为（大写）________________元（小写__________元），请贵方审核。

附件：1. 本期计日工工作量月汇总表（汇总计日工工程量签证单）。

2. 计日工单价报审表：

（1）承包［　］计审　　号。

（2）承包［　］计审　　号。

（3）

承　包　人：（现场机构名称及盖章）
项目经理：（签名）
日　　期：　　年　　月　　日

序号	计日工内容	工程量	单位	单价（元）	承包人申报金额（元）	监理人审核金额（元）	备注
1							
2							
合　计							

审核意见详见上表监理审核意见栏。

监　理　机　构：（名称及盖章）
总监理工程师：（签名）
日　　　期：　　年　　月　　日

说明：1. 本表一式____份，由承包人填写，作为 CB33 的附表。

2. 本表的单价依据合同或计日工单价报审表填写。

以上文件表格资料，要注意各表格之间、各期支付的数据关联与吻合。

(3) 项目完成后的结算工程量。施工单位在完成工程项目后，可向监理单位报审《完工付款/最终结清单》(表3.85)。监理机构应在施工合同约定期限内，完成对承包人提交的完工付款申请单（最终结清申请单）及相关证明材料的审核，同意后签发完工付款证书（在项目4中讲述），报发包人批准。

表3.85　　**CB39 完工付款/最终结清申请单**

（承包［　］付结　　号）

合同名称：　　　　　　　　　　　　　　　　合同编号：

致（监理机构）： 依据施工合同约定，我方已完成合同工程____________工程的施工，收到发包人签发的□合同工程完工证书/□缺陷责任期终止证书。现申请该工程的□完工付款/□最终付款/□临时付款。 经核计，我方应获得工程价款合计金额为（大写）__________元（小写__________元）截至本次申请已得到各项付款金额总计为（大写）__________元（小写__________元）现申请□完工付款/□最终结清/□临时付款金额总计为（大写）__________元（小写__________元）。请贵方审核。 附件：计算资料、证明文件等。 承 包 人：（现场机构名称及盖章） 项目经理：（签名） 日　　期：　　年　　月　　日
监理机构审核后，另行签发意见。 监理机构：（名称及盖章） 签 收 人：（签名） 日　　期：　　年　　月　　日

说明：本表一式____份，由承包人填写，监理机构签收后，发包人____份、监理机构____份、承包人____份。

项目4　水利工程建设项目监理文件资料整编

在水利工程监理工作中，会涉及并产生大量的信息与档案文件资料，这些信息或档案文件资料中，有些是监理工作的依据，有些是反映工程质量的文件，也有一些是在监理工作中形成的文件，因此应加强对这些文件资料的管理。

监理文件资料的管理，除应按照合同约定审核勘察、设计文件外，还应对施工单位报送的施工文件资料进行审查。报送的施工文件资料应完整、准确，合格后应予以签认。

任务4.1　水利工程监理文件资料的形成与分类

【任务及目标】　本任务主要阐述监理单位在工程项目中所形成的文件表格资料名称及分类，并使学生了解监理文件主要表格资料的格式及具体的填写要求。

4.1.1　监理文件资料分类与组成

4.1.1.1　监理文件资料分类

水利工程建设项目监理文件资料大致可分为以下三类：

（1）监理工作依据文件，如招标投标文件、合同文件、业主针对该项目制定的有关工作制度或规定、监理规划与监理实施细则。

（2）监理工作文件，表明工程项目建设情况的文件资料，如监理通知、专项监理工作报告、会议纪要，施工方案审查意见等。

（3）反映工程质量的监理文件，如验收记录、竣工移交证书等。

4.1.1.2　监理文件资料的组成

水利工程建设项目监理文件资料主要由以下几种文件组成：

（1）合同文件。工程项目建设过程中，涉及合同的有关信息及文件资料，主要包括施工监理招投标文件，建设工程委托监理合同，施工招投标文件以及建设工程施工合同、分包合同、各类订货合同等。

（2）设计文件。工程项目设计阶段形成的相关文件资料，如施工图纸、岩土工程勘察报告、测量基础文件资料等。

（3）工程项目监理规划及监理实施细则。项目监理工作人员在实施监理工作前，应根据工程特点、施工设计要求编制具体监理规划和实施细则，一般包括工程项目监理规划、监理实施细则以及工程项目监理部编制的总控制计划等。

（4）工程变更文件。在工程项目施工过程中，难免会因意想不到的情况出现而发生变更，在此过程中往往会形成一定的工程变更文件，如图纸会审文件资料，设计交底记录、纪要，设计变更文件，工程变更记录等。

（5）监理月报。

（6）会议纪要。

（7）施工组织设计（施工方案）审核文件。这是一种重要的项目监理文件资料，主要包括项目施工组织设计（总体设计或分阶段设计）、分部施工方案、季节施工方案、其他专项施工方案等。项目监理人员应加强对这部分文件资料的整理与管理。

（8）工程分包资质审核文件资料。为保证工程质量，工程分包单位应出具其资质等级证明材料。项目监理工程师应认真审查分包单位的资质。工程分包资质文件资料一般包括分包单位资质文件资料、供货单位资质文件资料及分包单位试验室等单位的资质文件资料等。

（9）工程进度控制文件资料。工程进度控制文件资料应包括工程动工报审表（含必要的附件），年、季、月进度计划文件资料，月工、料、机动态表，工程停、复工文件资料等。

（10）工程质量控制文件资料。工程质量控制文件资料主要包括各类工程材料、构配件、设备报验文件资料，施工测量放线报验资料，施工试验报验文件资料，单项、单位、分部、单元工程施工报验与认可文件资料，不合格项处置记录，工程质量问题和事故报告及处理等文件资料。

（11）工程投资控制文件资料。工程投资控制文件资料包括工程概预算或工程量清单，工程量报审与核认，预付款申报与支付证书，月工程进度款报审与签认，工程变更费用报审与签认，工程款支付申请与支付证书，工程竣工结算等。

（12）监理通知及回复。

（13）合同其他事项管理文件资料。工程项目施工合同管理过程中形成的文件资料，如工程延期报告、审批等文件资料，工程费用索赔报告、审批等文件资料，施工合同争议和违约处理文件资料以及施工合同变更文件资料等。

（14）工程竣工验收文件资料。工程竣工验收文件资料一般包括工程基础、主体结构等中间验收文件资料，设备安装专项验收文件资料，竣工验收文件资料，工程质量评估报告，工程移交证书等。监理人员应对工程竣工验收文件资料认真整理和归档，以便于将来查阅和参考。

（15）其他往来函件。

（16）监理日志、日记。

（17）监理工作总结（专题、阶段和竣工总结等）。

其中有些监理文件资料的形成、规整、编制在项目3中已涉及，这里不再重复讲解。

4.1.2　监理单位常用文件表格的内容名称

水利工程监理文件形成的方式基本上也是以以下规范、规程、规定中所含的标准表格形式显示，监理单位用“JL”表格。本书主要讲解各类表格的形成、整理和填写要求。表4.1为监理规范中的监理单位常用“JL”表格目录。

监理机构可根据施工项目的规模和复杂程度，采用其中的部分或全部表格；如果表格种类不能满足工程实际需要时，可按照表格的设计原则另行增加。

各表格脚注中所列单位和份数为基本单位和最少份数，工作中应根据具体情况和要求具体指定各类表格的报送单位和份数。相关单位都应明确文件的签收人。

表 4.1　　　　监理机构常用表格目录

序号	表 格 名 称	表格类型	序号	表 格 名 称	表格类型
1	合同工程开工通知	JL01	25	施工图纸签发表	JL24
2	合同工程开工批复	JL02	26	监理月报	JL25
3	分部工程开工批复	JL03	27	合同完成额月统计表	JL25 附表 1
4	工程预付款支付证书	JL04	28	工程质量评定月统计表	JL25 附表 2
5	批复表	JL05	29	工程质量平行检测试验月统计表	JL25 附表 3
6	监理通知	JL06	30	变更月统计表	JL25 附表 4
7	监理报告	JL07	31	监理发文月统计表	JL25 附表 5
8	计日工工作通知	JL08	32	监理收文月统计表	JL25 附表 6
9	工程现场书面通知	JL09	33	旁站监理值班记录	JL26
10	警告通知	JL10	34	监理巡视记录	JL27
11	整改通知	JL11	35	工程质量平行检测记录	JL28
12	变更指示	JL12	36	工程质量跟踪检测记录	JL29
13	变更项目价格审核表	JL13	37	见证取样跟踪记录	JL30
14	变更项目价格/工期确认单	JL14	38	安全检查记录	JL31
15	暂停施工指示	JL15	39	工程设备进场开箱验收单	JL32
16	复工通知	JL16	40	监理日记	JL33
17	索赔审核表	JL17	41	监理日志	JL34
18	索赔确认单	JL18	42	监理机构内部会签单	JL35
19	工程进度付款证书	JL19	43	监理发文登记表	JL36
20	工程进度付款审核汇总表	JL19 附表 1	44	监理收文登记表	JL37
21	合同解除付款核查报告	JL20	45	会议纪要	JL38
22	完工付款/最终结清证书	JL21	46	监理机构联系单	JL39
23	质量保证金退还证书	JL22	47	监理机构备忘录	JL40
24	施工图纸核查意见单	JL23			

4.1.3　监理机构常用表格填写规定

工程用表是检验与评定施工质量的基础文件资料，也是工程维修和事故处理的重要参考，因此对表格填写作如下规定：

(1) 应使用蓝色或黑色墨水钢笔填写，不得使用圆珠笔、铅笔填写。

(2) 文字。应按国务院颁布的简化汉字书写，字迹应工整、清晰。

(3) 数字和单位。数字使用阿拉伯数字（1、2、3、…、9、0）。单位使用国家法定计量单位，并以规定的符号表示（如：MPa、m、m^2、m^3、t…）。

(4) 合格率。用百分数表示，小数点后保留一位。如果恰为整数，则小数点后以 0 表示，例如：95.0%。

(5) 改错。将错误用斜线划掉，再在其右上方填写正确的文字（或数字），禁止使用改正液、贴纸重写，橡皮擦、刀片刮或用墨水涂黑等方法。

(6) 表头填写：

1) 单位工程、单元工程名称，按项目划分确定的名称填写。

2) 单元工程名称、部位：填写该单元工程名称（中文名称或编号），部位可用桩号、高程等表示。

3) 施工单位：填写与项目法人（建设单位）签订承包合同的施工单位全称。

4) 单元工程量：填写本单元主要工程量。

5) 检验（评定）日期：年——填写实际年份后 2 位数字，月——填写实际月份（1～12 月），日——填写实际日期（1～31 日）。

(7) 质量标准中，凡有"符合设计要求"者，应注明设计具体要求（如内容较多，可附页说明）；凡有"符合规范要求"者，应标出所执行的规范名称及编号。

(8) 检验记录。文字记录应真实、准确、简练；数字记录应准确、可靠，小数点后保留位数应符合有关规定。

4.1.4 监理文件资料的管理

工程监理文件资料是监理单位在项目设计、施工等监理过程中形成的文件资料，它是监理工作中各项控制与管理的依据和凭证，其编制要求如下：

(1) 监理文件资料的编制工作应及时。各类文件资料的编写应使用黑色墨水或黑色签字笔，复写时，须用单面黑色复写纸。

(2) 各类监理用表应符合相关规定，用词准确，内容真实、全面、清楚，不得有涂改或模糊不清之处。

(3) 项目总监理工程师为监理文件资料编制工作的总负责人，对监理文件资料的编制负有检查、指导和监督的职责，对施工单位报送的不符合格式或不规范的文件资料应责令其改正或重做，拒不执行的，可不予签认。

(4) 监理工程师在编制监理文件资料时，应使用规范用语和统一符号、公式等，如采用其他单位、符号，应予以注明。

(5) 监理文件资料应随着工程项目的进展不断进行编制、收集与整理。监理工程师应认真审核承包单位报送的文件资料，不得接受有涂改的报验文件资料。审核整理后，交文件资料管理人员存放。

任务 4.2 工程监理管理文件资料的形成与整理

【任务及目标】 工程监理管理文件资料，是监理工程师实施工程建设监理，进行目标控制的基础性文件资料。本任务主要阐述监理单位管理类文件资料所应形成的内容与要求，使学生能正确填写监理管理文件主要表格，清楚此类文件资料的形成流程与整理要求。

水利工程监理管理过程中形成的文件资料主要有监理规划、监理实施细则、监理月报、监理会议纪要、监理工作日志、日记和监理工作总结等。其中，监理规划及监理实施细则是指导监理工作的纲领性文件。

4.2.1 监理规划

监理规划，是在监理单位与发包人签订监理合同之后，由总监理工程师主持编制，并经监理单位技术负责人批准，用以指导监理机构全面开展施工监理工作的指导性文件。

水利工程监理规划是依据监理大纲和委托监理合同编制的，在指导项目监理部工作方面起到重要作用。监理规划是编制监理实施细则的重要依据。

（1）监理规划的编制，应针对项目的实际情况，明确项目监理工作的目标，确定具体的监理工作制度、程序、方法和措施，并应具有可操作性。

（2）监理规划应在签订委托监理合同及收到设计文件后开始编制，完成后必须经监理单位技术负责人审核批准，并应在召开第一次工地会议前报送建设单位。

（3）监理规划应由总监理工程师主持、专业监理工程师参加编制。其编制依据如下：

1）建设工程的相关法律、法规及项目审批文件。

2）与建设工程项目有关的标准、设计文件、技术资料。

3）监理大纲、委托监理合同文件以及与建设工程项目相关的合同文件。

（4）监理规划应包括以下主要内容，见表 4.2。

表 4.2　　监理规划编制的主要内容

序号	编制内容	
1	总则	（1）工程项目基本概况。 （2）工程项目主要目标。 （3）工程项目组织。 （4）监理工程范围和内容。 （5）监理主要依据。 （6）监理组织。 （7）监理工作基本程序。 （8）监理工作主要制度。 （9）监理人员守则和奖惩制度
2	工程质量控制 工程进度控制 工程资金控制	（1）控制的内容。 （2）控制的制度。 （3）控制的措施
3	施工安全及文明施工监理	（1）施工安全监理的范围和内容。 （2）施工安全监理的制度。 （3）施工安全监理的措施。 （4）文明施工监理
4	合同管理的其他工作	（1）变更的处理程序和监理工作方法。 （2）违约事件的处理程序和监理工作方法。 （3）索赔的处理程序和监理工作方法。 （4）分包管理的监理工作内容。 （5）担保及保险的监理工作
5	协调	（1）协调工作的主要内容。 （2）协调工作的原则与方法

续表

序号	编制内容	
6	工程质量评定与验收监理工作	(1) 工程质量评定。 (2) 工程验收
7	缺陷责任期监理工作	(1) 缺陷责任期的监理内容。 (2) 缺陷责任期的监理措施
8	信息管理	(1) 信息管理程序、制度及人员岗位职责。 (2) 文档清单、编码及格式。 (3) 计算机辅助信息管理系统。 (4) 文件资料预立卷和归档管理
9	监理设施	(1) 制定现场监理办公和生活设施计划。 (2) 制定现场交通、通信、办公和生活设施使用管理制度
10	监理实施细则编制计划	(1) 监理实施细则文件清单。 (2) 监理实施细则编制工作计划
11	其他	

(5) 在监理工作实施过程中，如实际情况或条件发生重大变化而需要调整监理规划时，应由总监理工程师组织专业监理工程师研究修改，按原报审程序经过批准后报建设单位。

4.2.2 监理实施细则

监理实施细则：由监理工程师负责编制，并经总监理工程师批准，用以实施某一专业工程或专业工程监理的操作性文件。

在施工措施计划批准后、专业工程（或作业交叉特别复杂的专项工程）施工前或专业工作开始前，负责相应工作的监理工程师应组织相关专业监理人员编制监理实施细则，并报总监理工程师批准。

监理实施细则应符合监理规划的基本要求，充分体现工程特点和监理合同约定的要求，结合工程项目的施工方法和专业特点，明确具体的控制措施、方法和要求，具有针对性、可行性和可操作性。

监理实施细则应针对不同情况制订相应的对策和措施，突出监理工作的事前审批、事中监督和事后检验。

4.2.2.1 编制要求

(1) 监理实施细则应在相应工程施工开始前编制完成，并必须经总监理工程师批准。

(2) 监理实施细则应由专业监理工程师编制。编制监理实施细则的依据如下：

1) 已批准的监理规划。

2) 与专业工程相关的标准、设计文件和技术资料。

3) 已批准的施工组织设计。

(3) 在监理工作实施过程中，监理实施细则应根据实际情况进行补充、修改和完善。

4.2.2.2 监理实施细则的编制内容

监理实施细则分为专业工程监理实施细则和专业工作监理实施细则两种。

(1) 专业工程监理实施细则。专业工程主要指施工导（截）流工程、土石方明挖、地下洞室开挖、支护工程、钻孔和灌浆工程、地基及基础处理工程、土石方填筑工程、混凝土工程、砌体工程、疏浚及吹填工程、屋面和地面建筑工程、压力钢管制造和安装、钢结构的制作和安装、钢闸门及启闭机安装、预埋件埋设、机电设备安装、工程安全监测等，专业工程监理实施细则的编制应包括下列内容：

1) 适用范围。

2) 编制依据。

3) 专业工程的特点。

4) 专业工程开工条件的检查。

5) 现场监理工作的内容、程序和控制要点。

6) 检查和检验项目、标准和工作要求。一般应包括：巡视、检查要点；旁站监理的范围（包括部位和工序）、内容、控制要点和记录；检测项目、标准和检测要求，跟踪检测和平行检测的数量和要求。

7) 文件资料和质量评定工作要求。

8) 采用的表式清单。

(2) 专业工作监理实施细则。专业工作主要指测量、地质、试验、检测（跟踪检测和平行检测）、施工图纸核查与签发、工程验收、计量支付、信息管理等工作，可根据专业工作特点单独编制。根据监理工作需要，也可增加有关专业工作的监理实施细则，如进度控制、变更、索赔等。专业工作监理实施细则的编制应包括下列内容：

1) 适用范围。

2) 编制依据。

3) 专业工作的特点和控制要点。

4) 监理工作的内容、技术要求和程序。

5) 采用的表式清单。

4.2.2.3　监理月报

监理月报是总监理工程师定期向业主提交的反映工程在本报告期末总体执行情况的书面报告，也是业主了解、确认、监督监理工作的重要依据。监理月报还应上报监理单位。监理月报由总监理工程师组织编写。水利工程项目监理机构每月以《监理月报》的形式向业主报告本月的监理工作情况，见表 4.3。

同时监理月报中要附 6 个相应文件表格，即合同完成额月统计表、工程质量评定月统计表、工程质量平行检测试验月统计表、变更月统计表、监理发文月统计表和监理收文月统计表。

监理月报的内容一般应包括以下方面：

(1) 合同履行情况，主要说明合同的履行概况、主要工程项目的变化情况。

(2) 工程进度情况，主要说明实际进度与计划进度、合同规定进度的比较。

(3) 工程财务情况，主要说明计量情况、合同金额和支付金额等。

(4) 施工现场情况，主要说明工程延误情况、工程质量情况及问题、工程进展中的主要问题与困难，如施工中重大质量事故，重大索赔事件，材料、设备的使用情况及困难，

表4.3 JL25 监理月报

（封面）	目　录
监　理　月　报 （监理［　］月报　号） 年　第　期 年　月　日至　年　月　日 工　程　名　称： 发　包　人： 监　理　机　构： 总监理工程师： 日　　期：　年　月　日	1. 本月工程施工概况 2. 工程质量控制情况 3. 工程进度控制情况 4. 工程资金控制情况 5. 施工安全监理情况 6. 文明施工监理情况 7. 合同管理的其他工作情况 8. 监理机构运行情况 9. 监理工作小结 10. 存在问题及有关建议 11. 下月工作安排 12. 监理大事记 13. 附表 （1）合同完成额月统计表 （2）工程质量评定月统计表 （3）工程质量平行检测试验月统计表 （4）变更月统计表 （5）监理发文月统计表 （6）监理收文月统计表

组织协调方面的困难，异常天气的影响等。

（5）监理的情况，主要说明监理人员的配备、监理工作的实施及效果、承包商对监理程序的执行等。

4.2.2.4 监理会议纪要

监理机构应建立会议制度，包括第一次监理工地会议、监理例会和监理专题会议。会议由总监理工程师或其授权的监理工程师主持，工程建设有关各方应派员参加。会议应符合下列要求：

（1）第一次监理工地会议。第一次监理工地会议应在监理机构批复合同工程开工前举行，会议主要内容包括：介绍各方组织机构及其负责人；沟通相关信息；进行首次监理工作交底；合同工程开工准备检查情况。会议的具体内容可由有关各方会前约定，会议由总监理工程师主持召开。各方准备工作的内容具体如下：

1）监理单位准备工作的内容包括：现场监理组织的机构框图及各专业监理工程师、监理人员名单及职责范围；监理工作的例行程序及有关表格说明。

2）业主准备工作的内容包括：派驻工地的代表名单以及业主的组织机构；工程占地、临时用地、临时道路、拆迁以及其他与工程开工有关的条件；施工许可证、执照的办理情况；资金筹集情况；施工图纸及其交底情况。

3）承包商准备工作的内容包括：工地组织机构图表，参与工程的主要人员名单以及各种技术工人和劳动力进场计划表；用于工程的材料、机械的来源及落实情况；供材计划清单；各种临时设施的准备情况，临时工程建设计划；试验室的建立或委托试验室的资质、地点等情况；工程保险的办理情况，有关已办手续的副本；现场的自然条件、图纸、水准基点及主要控制点的测量复核情况；为监理工程师提供的设备准备情况；施工组织总设计及施工进度计划；与开工有关的其他事项。

（2）监理例会。监理机构应定期主持召开由参建各方现场负责人参加的会议，会上应通报工程进展情况，检查上次监理例会中有关决定的执行情况，分析当前存在的问题，提出问题的解决方案或建议，明确会后应完成的任务及其责任方和完成时限。

1）参加工地例会的监理工程师和承包商应准备好会议文件资料。具体规定如下：

a. 监理工程师应准备以下文件资料：上次工地会议的记录；承包商对监理程序执行情况分析文件资料；施工进度的分析资料；工程质量情况及有关技术问题的文件资料；合同履行情况分析文件资料；其他相关文件资料。

b. 承包商应准备以下主要文件资料：工程进度图表；气象观测文件资料；实验数据文件资料；观测数据文件资料；人员及设备清单；现场材料的种类、数量及质量；有关事项说明文件资料，如进度和质量分析、安全问题分析、技术方案问题、财务支付问题、其他需要说明的问题。

2）工地例会应由专人做会议记录。会议记录的内容一般应包括：会议时间、地点及会议程序；出席会议人员的姓名、职务及单位；会议提交的资料；会议中发言者的姓名及发言内容；会议的有关决定。

（3）监理专题会议。监理机构应根据工作需要，主持召开监理专题会议。会议专题可包括施工质量、施工方案、施工进度、技术交底、变更、索赔、争议及专家咨询等方面。

（4）总监理工程师或授权副总监理工程师组织编写由监理机构主持召开会议的纪要，并分发与会各方。

监理会议纪要（表 4.4）应由项目监理机构根据会议记录整理而成，经总监理工程师审阅，与会各方代表会签。会议记录要真实、准确，同时必须得到监理工程师及承包商的同意。同意的方式可以是在会议记录上签字，也可以在下次会议上对记录取得口头认可。

表 4.4　　**JL38 会 议 纪 要**

（监理［　］纪要　　号）

合同名称：　　　　　　　　　　　　　　　　　　　合同编号：

会议名称			
会议主要议题			
会议时间		会议地点	
会议组织单位		会议主持人	
会议主要内容及结论	（可附页） 监 理 机 构：（名称及盖章） 会议主持人：（签名） 日　　期：　年　月　日		
附件：会议签到表			

说明：1. 本表由监理机构填写，会议主持人签字后送达参会各方。

2. 参会各方收到本会议纪要后，持不同意见者应于 3 日内书面回复监理机构；超过 3 日未书面回复意见的，视为同意本会议纪要。

监理会议纪要应由项目监理机构安排专人根据会议记录和纪要编写而成，经总监理工程师审阅，与会各方代表会签。会议记录要真实、准确，必须经与会各方签字确认后实施，也可由监理机构依据会议决定另行发文实施。

4.2.2.5　监理工作日志与监理日记

（1）监理工作日志。是监理文件资料中重要的组成部分，是监理服务工作量和价值的体现，是工程实施过程中最真实的工作依据。监理日志以项目监理机构的监理工作为记载对象，从监理工作开始起至监理工作结束止，应由监理机构指定专人按照规定格式与内容填写监理日志并及时归档，它是整个监理项目的总的监理工作记录文件资料，记载内容应保持连续和完整。

监理日志应使用统一格式的《监理日志》，见表4.5。每册封面应标明工程名称、册号、记录时间段及建设、设计、施工、监理单位名称，并由总监理工程师签字。监理日志必须及时记录、整理，应做到记录内容齐全、详细、准确，真实反映当天的工程具体情况，技术用语规范，文字简练明了。

表4.5　　JL34 监理日志格式

（封面）

____年____月____日至____年____月____日

合 同 名 称：________________

合 同 编 号：________________

发　包　人：________________

承　包　人：________________

监 理 机 构：________________

监理工程师：________________

监　理　日　志

填写人：　　　　　　　　　　　　日期：　　年　　月　　日

天气		气温		风力		风向	
施工部位、施工内容、施工形象及资源投入（人员、原材料、中间产品、工程设备和施工设备动态）							
承包人质量检验和安全作业情况							
监理机构的检查、巡视、检验情况							
施工作业存在的问题，现场监理提出的处理意见以及承包人对处理意见的落实情况							
监理机构签发的意见							
其他事项							

说明：1. 本表由监理机构指定专人填写，按月装订成册。
2. 本表栏内的内容可附页，并标注日期，与日志一并存档。

（2）监理日记。监理员日常工作的主要内容之一就是填写本人负责工作面的监理日记。现场监理人员应及时、准确地完成监理日记。监理日记是工程实施阶段重要的原始文件资料，它是个人（或某一工作面）的工作日常记录。监理日记的记录有以下注意事项：

1）监理日记从工程开工之日起至工程竣工日止，记载内容应保持连续和完整。若遇到监理人员调动，需做好交接记录，并继续该监理日记的填写。

2）监理日记应使用统一制订的表格形式，见表 4.6。

3）监理人员巡检、专检或工作后应及时填写监理日记并签字。

4）监理日记不得补记，不得隔页或扯页以保持其原始记录。

5）监理日记必须及时记录、整理，应做到记录内容齐全、详细、准确，真实反映当天的具体情况；技术用语规范，文字简练明了。

6）监理日记作为监理机构的内部管理文件，项目完成后，监理总监安排专人将监理日记加以整理、编号，项目总监签阅后，归入公司监理档案。

7）记载发现的问题必须能闭合封闭。

表 4.6　　　　JL33 监 理 日 记

（监理［　］日记　　号）

合同名称：　　　　　　　　　　　　合同编号：

天　　气		气温		风力		风向	
施工部位、施工内容（包括隐蔽部位施工时的地质编录情况）、施工形象及资源投入情况							
承包人质量检验和安全作业情况							
监理机构的检查、巡视、检验情况							
施工作业存在的问题，现场监理人员提出的处理意见以及承包人对处理意见的落实情况							
汇报事项和监理机构指示							
其他事项							
监理人员：（签名） 日　期：　　年　　月　　日							

说明：本表由监理机构填写，按月装订成册。

4.2.2.6　监理工作总结

监理工作的最后环节是进行监理工作总结。总监理工程师应带领全体项目监理人员对监理工作进行全面、认真的总结。监理工作总结应由总监理工程师主持编写并审批，包括两部分：一是向业主提交的监理工作总结；二是向监理单位提交的监理工作总结。

任务4.3　工程监理进度控制文件资料的形成与整理

【任务及目标】 监理进度控制文件资料，是监理工程师实施"四控制二管理"工作中形成的主要文件之一。本任务主要阐述监理单位进度控制类文件资料所应形成的内容与要求，使学生能正确填写监理进度控制文件主要表格，清楚此类文件资料的形成流程与整理要求。

进度控制是监理工程师的主要任务之一。由于在工程建设过程中存在着许多影响进度的因素，这些因素往往来自不同的时期，它们对建设工程进度产生着复杂的影响。因此，进度控制人员必须事先对影响建设工程进度的各种因素进行调查分析，预测它们给建设工程进度的影响程度，确定合理的进度控制目标，编制可行的进度计划，使工程建设工作始终按计划进行。

但是，不管进度计划的周密程度如何，其毕竟是人们的事先计划，在其实施过程中，必然会因为新情况的产生、各种干扰因素和风险因素的作用而发生变化，使人们难以执行原定的进度计划。为此，监理人员必须掌握动态控制原理，在计划执行过程中不断检查建设工程实际进展情况，并将实际状况与计划安排进行对比，从中得出偏离计划的信息。然后在分析偏差及其产生原因的基础上，通过采取组织、技术、经济等措施，维持原计划，使之能正常实施。如果采取措施后不能维持原计划，则需要对原进度计划进行调整或修正，再按新的进度计划实施。这样在进度计划的执行过程中进行不断的检查和调整，以保证建设工程进度得到有效控制。

监理工程师在以上工作中会形成大量的文件资料，这类文件资料主要包含开工文件资料和进行审批与调整方面的文件资料。开工文件资料在项目3中已详细讲述。

4.3.1　工程进度控制的内容

（1）总监理工程师审批承包单位报送的施工总进度计划。

（2）总监理工程师审批承包单位编制的年度、季度、月度施工进度计划。

（3）专业监理工程师对进度计划实施情况进行检查和分析。

（4）当实际进度符合计划进度时，应要求承包单位编制下一期进度计划；当实际进度滞后于计划进度时，专业监理工程师应书面通知承包单位采取纠偏措施并监督实施。

4.3.2　工程进度控制监理工作的程序

监理机构进行进度控制的工作流程如图4.1所示。

4.3.3　工程进度计划审批文件整编

（1）承包人应按施工合同约定的内容、期限和施工总进度计划的编制要求，编制施工总进度计划，报送监理机构。

（2）监理机构应在施工合同约定的期限内完成审查并批复或提出修改意见。

（3）根据监理机构的修改意见，承包人应修正施工总进度计划，重新报送监理机构。

（4）监理机构在审查中，可根据需要提请发包人组织设代机构、承包人、设备供应单

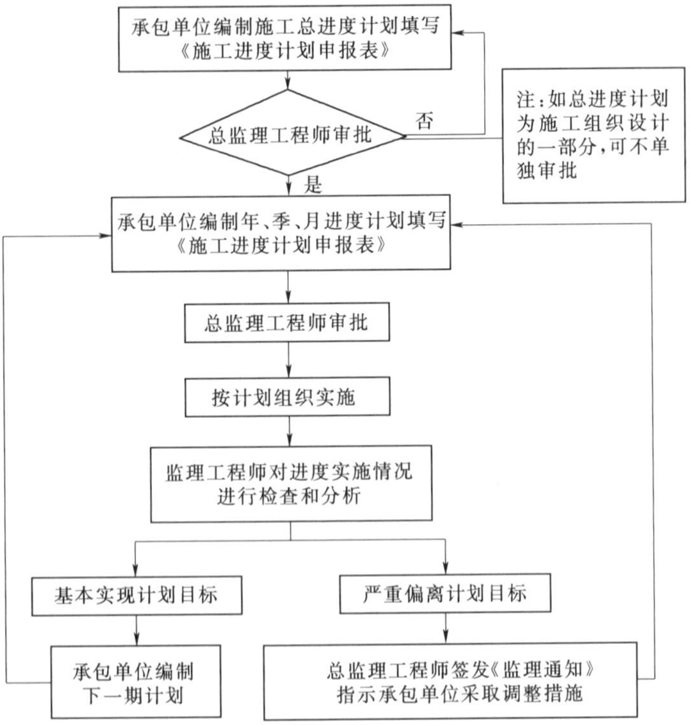

图 4.1　工程进度控制监理工作程序图

位、征迁部门等有关方参加施工总进度计划协调会议，听取参建各方的意见，并对有关问题进行分析处理，形成结论性意见。

4.3.4　进度调整与工程延期文件整编

（1）监理机构在检查中发现实际施工进度与施工进度计划发生了实质性偏离时，总监理工程师应组织监理工程师进行原因分析，召开各方协调会议，研究应采取的措施，应指示承包人分析进度偏差原因、修订施工进度计划报监理机构审批［应要求承包单位填报施工方原因《施工进度计划调整申报表》（表 4.7）或建设方原因《延长工期申报表》（表 4.8）］，保证合同约定目标的实现。

（2）当变更影响施工进度时，监理机构应指示承包人编制变更后的施工进度计划，并按施工合同约定处理变更引起的工期调整事宜。总监理工程师应在监理月报中向建设单位报告工程进度和所采取的控制措施的执行情况，提出合理预防由建设单位原因导致的工程延期及相关费用索赔的建议。

（3）施工进度计划的调整涉及总工期目标、阶段目标改变，或者资金使用有较大的变化时，监理机构应提出审查意见报发包人批准。

（4）总监理工程师指定专业监理工程师收集与延期有关的资料，初步审查《施工进度计划调整申报表》和《延长工期申报表》是否符合有关规定。在初步确定延期时间后，与承包单位及建设单位进行协商。

（5）工程延期审批的依据。承包单位延期申请成立并获得总监理工程师批准的依据有：

表 4.7　　**CB25 施工进度计划调整申报表**

（承包［　］进调　　号）

合同名称：　　　　　　　　　　　　合同编号：

致（监理机构）： 我方现提交____________工程项目施工进度调整计划，请贵方审批。 附件：施工进度调整计划（包括调整理由、形象进度、工程量、工作量、资源投入计划等）。 承 包 人：（现场机构名称及盖章） 项目经理：（签名） 日　　期：　　年　　月　　日
监理机构将另行签发审批意见。 监理机构：（名称及盖章） 签 收 人：（签名） 日　　期：　　年　　月　　日

说明：本表一式____份，由承包人填写。监理机构签收后，发包人____份、监理机构____份、承包人____份。

表 4.8　　**CB26 延长工期申报表**

（承包［　］延期　　号）

合同名称：　　　　　　　　　　　　合同编号：

致（监理机构）： 由于本申报表附件所列原因，根据施工合同约定及相关规定，我方要求合同工程工期顺延____天，完工日期从____年____月____日延至____年____月____日，请贵方审批。 附件：1. 延长工期申请报告（说明原因、依据、计算过程及结果等）。 2. 证明材料。 承 包 人：（现场机构名称及盖章） 项目经理：（签名） 日　　期：　　年　　月　　日
监理机构将另行签发审核意见。 监理机构：（名称及盖章） 签 收 人：（签名） 日　　期：　　年　　月　　日

说明：本表一式____份，由承包人填写。监理机构签收后，发包人____份、设代机构____份、监理机构____份、承包人____份。

1）工期拖延事件是否属实，强调实事求是。

2）是否符合本工程施工合同规定。

3）延期事件是否发生在工期网络计划图的关键线路上，即延期是否有效合理。

4）延期天数的计算是否正确，证据资料是否充足。

上述四条中，只有同时满足前三条，延期申请才能成立。至于时间的计算，监理工程师可根据自己的记录，做出公正合理的计算。

（6）在影响工期事件结束，承包单位提出最后一个《施工进度计划调整申报表》和

《延长工期申报表》批准后，项目监理部应详细研究评审影响工期事件全过程对工程总工期的影响后，批准承包单位的有效延期时间，并签发《施工进度计划调整申报表》和《延长工期申报表》的《JL05 批复表》。工程最终延期时间应是承包单位最后一个延期批准后的累计时间，但并不是每一项延期时间的累加。如果后批准的延期内容包含前一个批准的延期内容，则前一项延期的时间不能予以累计。

（7）总监理工程对承包单位提出的延期申请进行审批时，应注意以下问题：

1）关键线路并不是固定的，而是随着工程进展的动态变化。

2）关键线路的确定，必须是依据最新批准的工程进度计划。

（8）总监理工程师在签认《JL05 批复表》前，应与建设单位、承包单位协商，并与费用索赔一并考虑处理。

任务 4.4　工程监理质量控制文件资料的形成与整理

【任务及目标】 监理质量控制文件资料，是监理工程师实施“四控制二管理”工作中形成的主要文件之一。本任务主要阐述监理单位质量控制类文件资料所应形成的内容与要求，使学生能正确填写监理质量控制文件主要表格，清楚此类文件资料的形成流程与整理要求。

工程质量是指建设工程项目的施工质量，即指工程满足业主（顾客）需要的，符合国家法律、法规、技术规范标准、设计文件及合同规定的要求，包括在安全、使用功能、耐久性、环境保护等方面所有明确和隐含需要能力的特性综合。其质量特性主要体现在建筑工程的适用性、安全性、耐久性、可靠性、经济性及环境的协调性等六个方面。

质量控制的任务概括起来，就是实现既定工程的质量目标。对于施工监理来说，工程的质量目标，在设计的过程中已经确定下来，监理的任务是通过对工程的全过程监理，最终实现工程质量目标。为了保证工程质量目标的实现，监理对工程施工进行全过程的质量控制。在招投标阶段，质量控制的任务是修订“技术规范”、完善和补充质量目标、审查评估投标人的资质和投标方案，使承包人的施工队伍有充分的能力保证工程的施工质量。在施工准备阶段，要审查施工队伍的开工准备工作，包括人员、设备的进场计划，调查材料供货商并审查认可，承包人质保体系的完善和建立，施工技术方案的审查和批准等，以保证施工正常有序、持续地进行。在施工阶段则要求监理以旁站、试验、测量等方式进行全过程的监督管理，对每一个施工环节、每一道工序进行检查、认可，以保证工程施工之前有充分的准备。施工中，每道工序都能保证施工质量，最后每项工程都要在质量符合要求的前提下验收、认可；在缺陷责任期，则指示承包人对工程缺陷按期修复，签发缺陷责任终止证。

4.4.1　质量控制的原则

（1）监理机构应按照《工程建设标准强制性条文（水利工程部分）》、有关技术标准和施工合同约定，对施工质量及与质量活动相关的人员、原材料、中间产品、工程设备、施工设备、工艺方法和施工环境等质量要素进行监督和控制。

（2）对工程项目施工全过程全方位实施质量控制，以质量预控为重点。监督承包单位的质量管理体系、技术管理体系和质量保证体系落实到位。

（3）严格要求承包单位执行有关材料、施工试验制度和设备检验制度。

（4）坚持不合格的建筑材料、构配件和设备不准在工程上使用。

（5）坚持本工序质量不合格或未进行验收不予签认，下一道工序不得施工。

（6）重点是监理机构应按照监理工作制度和监理实施细则开展工程质量控制工作，并不断改进和完善。

4.4.2　质量控制的目标

工程项目的质量是指通过工程建设过程所形成的工程符合有关规范、标准、法规、设计文件的程度和满足业主要求的程度，工程项目质量的内涵包括工程项目的质量、功能和使用价值的质量三个方面。监理工程师对施工全过程进行检查、监督和管理，制止影响工程的各种不利因素，使承包人提交使用的工程项目符合设计图纸、技术规范、使用要求及验收标准的要求。

4.4.3　工程质量控制的程序

监理机构进行质量控制的工作流程如图4.2所示。

4.4.4　工程质量事前控制文件资料整编

（1）工程施工质量控制应以事前控制为主，采用必要的检查、量测和试验手段，以验证施工质量。对工程的某些关键工序和重点部位进行旁站监理。

（2）专业监理工程师应对承包单位报送的《材料/中间产品进场报验单》《施工设备进场报验单》及其质量证明资料进行审核，并对进场的实物按照委托监理合同约定或有关工程质量管理文件规定的比例采用平行检验或见证取样方式进行抽检。未经监理人员验收或验收不合格的工程材料、构配件、设备，监理人员应拒绝签认，并应签发监理工程师通知单，书面通知承包单位限期将不合格的工程材料、构配件、设备撤出现场。

（3）当承包单位采用新材料、新工艺、新技术、新设备时，专业监理工程师应要求承包单位报送相应的施工工艺措施和证明材料《施工技术方案申报表》，组织专题论证，经审定后予以签认。

（4）专业监理工程师应核查承包单位的现场组织机构、主要管理人员、技术人员及特种作业人员是否符合要求，对无证上岗、不称职或违章、违规人员，可要求承包人暂停或禁止其在本工程中工作。

（5）分包工程开工前，专业监理工程师应审查承包单位报送的分包单位资质报审表和分包单位资质材料，符合有关规定后，由总监理工程师予以签认。专业监理工程师应审查分包单位的资质，其中包括以下内容：

1）承包单位填写《施工分包申报表》（表4.9），报项目监理部审查。

2）核查分包单位的营业执照、企业资质等级证书、专业许可证、岗位证书等。

3）核查分包单位的业绩。

4）经审查合格，签批《施工分包申报表》。

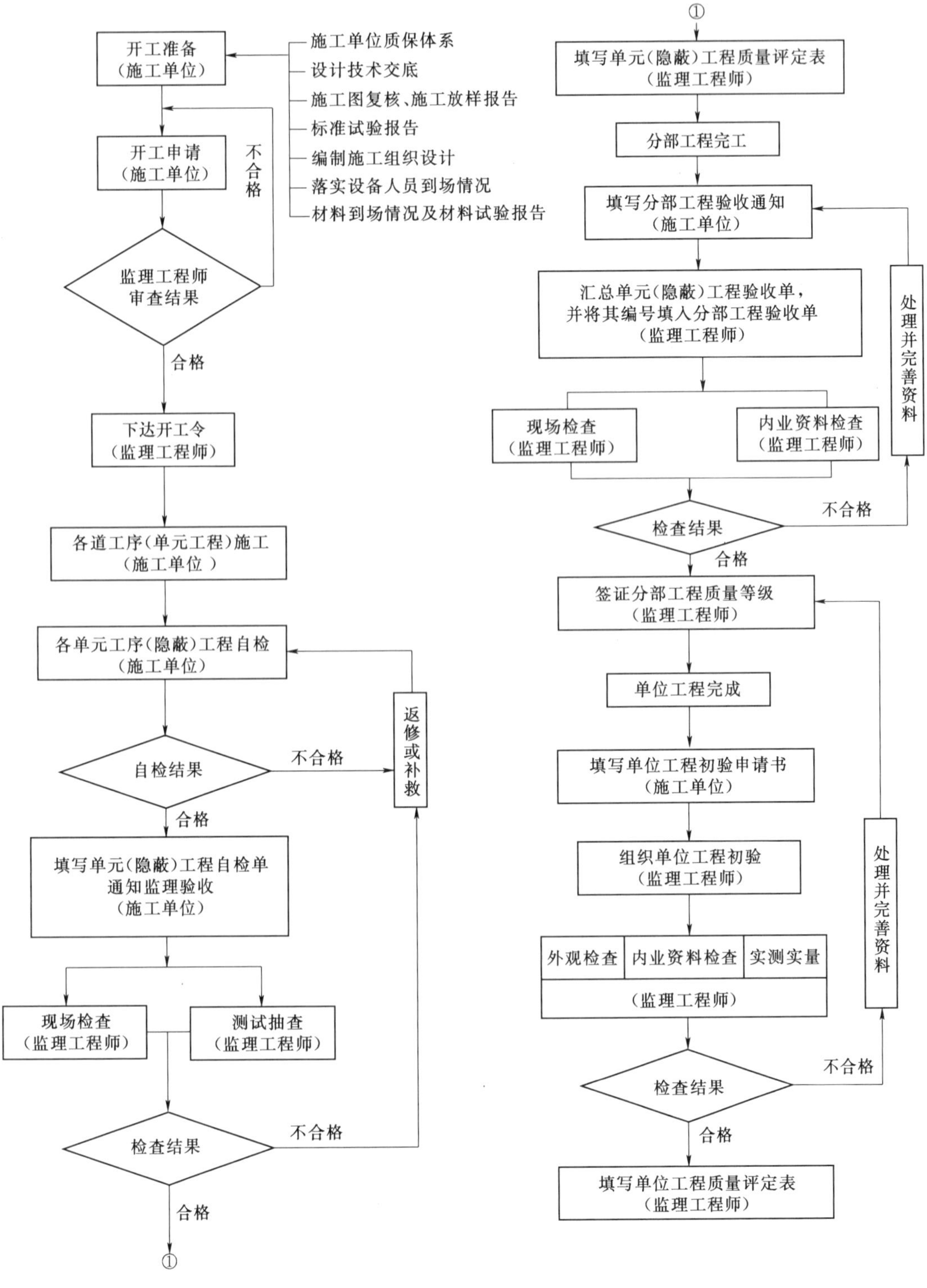

图 4.2　工程质量控制程序流程图

表 4.9

CB05 施工分包申报表

（承包［　］分包　　号）

合同名称：　　　　　　　　　　　　　　　　　　　　　　合同编号：

致（监理机构）：

根据施工合同约定和工程需要，我方拟将本申请表中所列项目分包给所选分包人，经考察，所选分包人具备按照合同要求完成所分包工程的资质、经验、技术与管理水平、资源和财务能力，并具有良好的业绩和信誉，请贵方审核。

分包人名称								
序号	合同工程量清单项目编号	分包工作名称	单位	合同工程量	合同单价（元）	合同金额（元）	分包工程量	分包工作金额（元）	分包工作金额约占合同价的比例（%）
1									
2									
3									
4									
合　计									

附件：分包人简况（包括分包人资质、业绩、经验、能力、信誉、财务，主要人员经历等资料）。

承　包　人：（现场机构名称及盖章）
项目经理：（签名）
日　　期：　　年　　月　　日

监理机构将另行签发审核意见。

监理机构：（名称及盖章）
签　收　人：（签名）
日　　期：　　年　　月　　日

说明：1. 本表一式____份，由承包人填写，监理机构签收后，发包人____份、监理机构____份、承包人____份。
2. 本表中的分包工作金额＝合同单价×分包工程量。

（6）专业监理工程师应从以下方面对承包单位的试验室进行考核：

1）试验室的资质等级及其试验范围。

2）法定计量部门对试验设备出具的计量检定证明。

3）试验室的管理制度。

4）试验人员的资格证书。

5）本工程的试验项目及其要求。

（7）当承包单位对已批准的施工组织设计进行调整、补充或变动时，应经专业监理工程师审查，并应由总监理工程师签认。

（8）工程施工所需的施工图纸，应经监理机构核查（《JL23 施工图纸核查意见单》表 4.10），并签发《施工图纸签发表》（表 4.11）后，承包人方可用于施工。承包人无图纸施工或按照未经监理机构签发的施工图纸施工，监理机构有权责令其停工、返工或拆除，有权拒绝计量和签发付款证书。

表4.10　**JL23 施工图纸核查意见单**

（监理［　］图核　　号）

合同名称：　　　　　　　　　　　　　　　　　　　　　合同编号：

经对以下图纸（共____张）核查意见如下：

序号	施工图纸名称	图号	核查人员	备注
1				
2				
3				
4				
5				

附件：施工图纸核查意见（应由核查监理人员签字）。

监　理　机　构：（名称及盖章）
总监理工程师：（签名）
日　　　　期：　　年　　月　　日

说明：1. 本表一式____份，由监理机构填写并存档。
2. 各图号可以是单张号、连续号或区间号。

表4.11　**JL24 施工图纸签发表**

（监理［　］图发　　号）

合同名称：　　　　　　　　　　　　　　　　　　　　　合同编号：

致（承包人现场机构）：
本批签发下表所列施工图纸____张，其他设计文件____份。

序号	施工图纸/其他设计文件名称	文图号	份数	备注
1				
2				
3				
4				

监　理　机　构：（名称及盖章）
总监理工程师：（签名）
日　　　　期：　　年　　月　　日

今已收到经监理机构签发的施工图纸____张，其他设计文件____份。

承包人：（现场机构名称及盖章）
签收人：（签名）
日　期：　　年　　月　　日

说明：本表一式____份，监理机构填写。发包人____份、设代机构____份、监理机构____份、承包人____份。

（9）监理机构应在收到发包人提供的施工图纸后及时核查并签发，并由监理机构填写并存档。在施工图纸核查过程中监理机构可征求承包人的意见，必要时提请发包人组织有关专家会审。监理机构不得修改施工图纸，对核查过程中发现的问题，应通过发包人返回设代机构处理。

（10）对承包人提供的施工图纸，监理机构应按施工合同约定进行核查，在规定的期限内签发。对核查过程中发现的问题，监理机构应通知承包人修改后重新报审。经核查的施工图纸应由总监理工程师签发，并加盖监理机构章。

4.4.5　工程质量事中控制文件资料的整编

（1）监理机构应定期或不定期对承包人的人员、原材料、中间产品、工程设备、施工设备、工艺方法、施工环境和工程质量等进行巡视、检查，并填写《监理巡视记录》（表4.12）。

表4.12　　**JL27　监理巡视记录**

（监理［　］巡视　　号）

合同名称：　　　　合同编号：

巡视范围	
巡视情况	
发现问题及 处理意见	
巡视人：（签名） 日　期：　　年　　月　　日	

说明：1. 本表可用于监理人员质量、安全、进度等的巡视记录。
2. 本表按月装订成册。

（2）旁站监理文件资料：

1）监理机构应依据监理合同和监理工作需要，结合批准的施工措施计划，在监理实施细则中明确旁站监理的范围、内容和旁站监理人员的职责，并通知承包人。

2）监理机构应严格实施旁站监理，旁站监理人员应及时填写《旁站监理值班记录》（表4.13）。

3）除监理合同约定外，发包人要求或监理机构认为有必要并得到发包人同意增加的旁站监理工作，其费用应由发包人承担。

（3）跟踪检测与平行检测文件资料。监理机构可采用跟踪检测监督承包人的自检工作，并可通过平行检测核验承包人的检测试验结果。

1）跟踪检测应符合下列规定：

a. 实施跟踪检测的监理人员应监督承包人的取样、送样以及试样的标记和记录，并与承包人送样人员共同在送样记录上签字。发现承包人在取样方法、取样代表性、试样包

表 4.13　　**JL26 旁站监理值班记录**

（监理［　］旁站　　号）

合同名称：　　　　　　　　　　　　　　　　　　　合同编号：

<table>
<tr><td>工程部位</td><td colspan="3"></td><td>日期</td><td></td></tr>
<tr><td>时　间</td><td></td><td>天气</td><td></td><td>温度</td><td></td></tr>
<tr><td rowspan="5">人员情况</td><td colspan="5">施工技术员：________　施工班组长：________
质　检　员：________</td></tr>
<tr><td colspan="5">现场人员数量及分类人员数量</td></tr>
<tr><td>管理人员</td><td>____人</td><td colspan="2">技术人员</td><td>____人</td></tr>
<tr><td>特种作业人员</td><td>____人</td><td colspan="2">普通作业人员</td><td>____人</td></tr>
<tr><td>其他辅助人员</td><td>____人</td><td colspan="2">合计</td><td>____人</td></tr>
<tr><td>主要施工设备及运转情况</td><td colspan="5"></td></tr>
<tr><td>主要材料使用情况</td><td colspan="5"></td></tr>
<tr><td>施工过程描述</td><td colspan="5"></td></tr>
<tr><td>监理现场检查、检测情况</td><td colspan="5"></td></tr>
<tr><td>承包人提出的问题</td><td colspan="5"></td></tr>
<tr><td>监理人答复或指示</td><td colspan="5"></td></tr>
<tr><td colspan="6">当班监理员：（签名）________　施工技术员：（签名）________</td></tr>
</table>

说明：本表单独汇编成册。

装或送样过程中存在错误时，应及时要求予以改正。

b. 跟踪检测的项目和数量（比例）应在监理合同中约定。其中，混凝土试样应不少于承包人检测数量的7%，土方试样应不少于承包人检测数量的10%。施工过程中，监理机构可根据工程质量控制工作需要和工程质量状况等确定跟踪检测的频次分布，但应对所有见证取样进行跟踪，见表 4.14。

表 4.14

JL29 工程质量跟踪检测记录

（监理［ ］跟踪 号）

合同名称： 合同编号：

单位工程名称及编号													
承包人													
序号	检测项目	对应单元工程编号	取样部位		代表数量	组数	取样人	送样人	送样时间	检测机构	检测结果	检测报告编号	跟踪监理人员
			桩号	高程									

说明：本表按月装订成册。

2）平行检测应符合下列规定：

a. 监理机构可采用现场测量手段进行平行检测。

b. 需要通过实验室进行检测的项目，监理机构应按照监理合同约定通知发包人委托或认可的具有相应资质的工程质量检测机构进行检测试验。

c. 平行检测的项目和数量（比例）应在监理合同中约定。其中，混凝土试样应不少于承包人检测数量的3%，重要部位每种标号的混凝土至少取样1组；土方试样应不少于承包人检测数量的5%，重要部位至少取样3组。施工过程中，监理机构可根据工程质量控制工作需要和工程质量状况等确定平行检测的频次分布。根据施工质量情况要增加平行检测项目、数量时，监理机构可向发包人提出建议，经发包人同意增加的平行检测费用由发包人承担，见表4.15。

d. 当平行检测试验结果与承包人的自检试验结果不一致时，监理机构应组织承包人及有关各方进行原因分析，提出处理意见。

表 4.15

JL28 工程质量平行检测记录

（监理［ ］平行 号）

合同名称： 合同编号：

单位工程名称及编号												
承包人												
序号	检测项目	对应单元工程编号	取样部位		代表数量	组数	取样人	送样人	送样时间	检测机构	检测结果	检测报告编号
			桩号	高程								

说明：委托单、平行检测送样台账、平行检测报告台账要相互对应。

4.4.6 工程质量、安全事故控制处理文件资料整编

4.4.6.1 工程质量缺陷文件资料整编

达不到质量事故最小等级的质量问题，就是质量缺陷。针对于项目3中施工单位申报

的质量缺陷问题，监理机构应组织填写施工质量缺陷备案表，见表 4.16。内容应真实、准确、完整，并及时提交发包人。施工质量缺陷备案表应由相关参建单位签字。有不同意见应明确记载。质量缺陷备案表应及时报工程质量监督机构备案，质量缺陷备案文件资料按竣工验收的标准制备。工程竣工验收时，项目法人应向竣工验收委员会提交历次质量缺陷备案文件资料。

表 4.16　　水利水电工程施工质量缺陷备案表格式

1. 施工质量缺陷产生的部位（主要说明具体部位、缺陷描述并附示意图）：

2. 质量缺陷产生的主要原因：

3. 对工程的安全、使用功能和运用影响分析：

4. 处理方案，或不处理的原因分析：

5. 保留意见（保留意见应说明主要理由，或采用其他方案及主要理由）：

保留意见人：（签名）
（或保留意见单位及责任人，盖公章，签名）

6. 参建单位和主要人员

（1）施工单位：　（公章）
质检部门负责人：　（签名）
技术负责人：　（签名）

（2）设计单位现场服务机构：（公章）
设计代表：　（签名）

（3）监理机构：　（公章）
监理工程师：　（签名）
总监理工程师：　（签名）

（4）项目法人（建设单位）：（公章）
现场代表：　（签名）
技术负责人：　（签名）

填表说明：1. 本表由监理机构组织填写。
2. 本表应采用钢笔或中性笔，用深蓝色或黑色墨水填写。字迹应规范、工整、清晰。

4.4.6.2　监理控制管理性文件资料整编

监理机构与发包人和承包人以及与其他人的联络应以书面文件为准。对施工过程中出现的质量事故缺陷或安全问题，专业监理工程师应及时下达《监理通知单》《工程现场书面通知》《警告通知》和《整改通知》，要求承包单位整改，并检查整改结果。

（1）《监理通知》（表 4.17）：是监理工程师在工程建设过程中向承包单位签发的指令性文件。目的是督促承包单位按照国家有关法律法规、合同约定、施工规范和设计文件进行工程施工，保证工程建设中出现的问题（不符合设计要求、施工技术标准、合同约定等）能得到及时纠正。监理通知单具有强制性、针对性、严肃性的特点。监理通知单一旦签发，承包单位必须认真对待，在规定期限内按要求进行落实整改，并按时回复。注意，《监理通知》需通过 CB37《回复单》来闭合。《监理通知》在发出前必须经总监理工程师同意，当总监理工程师认为必要时应签字确认。

表 4.17　　**JL06 监 理 通 知**

（监理［　］通知　　号）

合同名称：　　　　　　　　　　　　　　　　合同编号：

致（承包人现场机构）： 事由： 通知内容： 附件：1. 2. 监理机构：（名称及盖章） 总监理工程师/监理工程师：（签名） 日　期：　　年　　月　　日
承包人：（现场机构名称及盖章） 签收人：（签名） 日　期：　　年　　月　　日

说明：本通知一式____份，由监理机构填写。发包人____份、监理机构____份、承包人____份。

（2）《工程现场书面通知》（表 4.18）：在紧急情况下，监理工程师或监理员可现场签发《工程现场书面通知》，且可不加盖监理机构章，作为临时书面指示，承包人应遵照执行，但事后监理机构应及时以书面文件确认；若监理机构未及时发出书面文件确认，承包人应在收到上述临时书面指示后 24 小时内向监理机构发出书面确认函，监理机构应予以答复。监理机构在收到承包人的书面确认函后 24 小时内未予以答复的，该临时书面指示

表 4.18　　**JL09 工程现场书面通知**

（监理［　］现通　　号）

合同名称：　　　　　　　　　　　　　　　　合同编号：

致（承包人现场机构）： 事由： 通知内容 监理机构：（名称及盖章） 监理工程师/监理员：（签名） 日　期：　　年　　月　　日
承包人意见： 承　包　人：（名称及盖章） 现场负责人：（签名） 日　　期：　　年　　月　　日

说明：1. 本表一式____份，由监理机构填写。承包人签署意见后，监理机构____份、承包人____份。

2. 本表一般情况下应由监理工程师签发；对现场发现的施工人员违反操作规程的行为，监理员可以签发。

视为监理机构的正式指示。现场的施工单位负责人必须在本通知上签署意见。

（3）《警告通知》（表 4.19）：当施工单位不执行《监理通知》或《工程现场书面通知》上的内容要求或不履行义务时，监理机构可下达《警告通知》。此通知单内容，施工单位不须进行回复，但必须立即采取措施，纠正违约行为。结果要报监理机构确认，必须由总监理工程师签发。

表 4.19　　**JL10 警 告 通 知**

（监理［　］警告　　号）

合同名称：　　　　　　　　　　　　合同编号：

致（承包人现场机构）： 鉴于你方在履行合同时发生了下列所述的违约行为，依据合同约定，特发此警告通知。你方应立即采取措施，纠正违约行为后报我方确认。 违约行为情况描述： 合同的相关规定： 监理机构要求： 监 理 机 构：（名称及盖章） 总监理工程师：（签名） 日　　期：　年　月　日
承包人：（现场机构名称及盖章） 签收人：（签名） 日　期：　年　月　日

说明：本表一式____份，由监理机构填写。承包人签收后，发包人____份、监理机构____份、承包人____份。

（4）《整改通知》（表 4.20）：施工单位在收到《警告通知》后，按《整改通知》上的

表 4.20　　**JL11 整 改 通 知**

（监理［　］整改　　号）

合同名称：　　　　　　　　　　　　合同编号：

致（承包人现场机构）： 由于本通知所述原因，通知你方对____________工程项目应按下述要求进行整改，并于____年____月____日前提交整改措施报告，按要求进行整改。 整改原因： 整改要求： 监 理 机 构：（名称及盖章） 总监理工程师：（签名） 日　　期：　年　月　日
承包人：（现场机构名称及盖章） 签收人：（签名） 日　期：　年　月　日

说明：本表一式____份，由监理机构填写。承包人签收后，发包人____份、监理机构____份、承包人____份。

具体内容和要求进行整改，并提交整改措施报于监理单位审核，必须由总监理工程师签发。

4.4.6.3 工程质量事故处理文件资料整编

（1）监理人员发现施工存在重大质量隐患，可能造成质量事故或已经造成质量事故，应通过总监理工程师及时下达《暂停施工指示》（表4.21），要求承包单位停工整改。整改完毕并经监理人员复查，符合规定要求后，总监理工程师应及时签署《复工通知》（表4.22）。

表4.21　　**JL15 暂停施工指示**

（监理［　］停工　　号）

合同名称：　　　　　　　　　　　　　　　　　　　　合同编号：

致（承包人现场机构）： 由于下述原因，现通知你方于____年____月____日____时对__________工程项目暂停施工。 暂停施工范围说明： 暂停施工原因： 引用合同条款或法规依据： 暂停施工期间要求： 监　理　机　构：（名称及盖章） 总监理工程师：（签名） 日　　　　期：　　年　　月　　日
承　包　人：（现场机构名称及盖章） 项目经理：（签名） 日　　期：　　年　　月　　日

说明：本表一式____份，由监理机构填写。承包人签收后，发包人____份、设代机构____份、监理机构____份、承包人____份。

（2）对需要返工处理或加固补强的质量事故，总监理工程师应责令承包单位报送质量事故调查报告和经设计单位等相关单位认可的处理方案，项目监理机构应对质量事故的处理过程和处理结果进行跟踪检查和验收。

（3）总监理工程师应及时向建设单位及本监理单位提交有关质量事故的书面报告，并应将完整的质量事故处理记录整理归档。

表 4.22　　**JL16 复 工 通 知**

（监理［　］复工　　号）

合同名称：　　　　　　　　　　　　　　　　　　　　合同编号：

致（承包人现场机构）： 鉴于暂停施工指示（监理［　］停工　　号）所述原因已经□全部/□部分消除，你方可于____年____月____日____时起对____________工程下列范围恢复施工。 复工范围：□监理［　］停工　　号指示的全部暂停施工项目。 □监理［　］停工　　号指示的下列暂停施工项目。 监 理 机 构：（名称及盖章） 总监理工程师：（签名） 日　　期：　年　月　日
承包人：（现场机构名称及盖章） 签收人：（签名） 日 期：　年　月　日

说明：本表一式____份，由监理机构填写。承包人签收后，发包人____份、设代机构____份、监理机构____份、承包人____份。

任务 4.5　工程监理投资资金控制文件资料的形成与整理

【任务及目标】 监理投资资金控制文件资料，是监理工程师实施"四控制二管理"工作中形成的主要文件之一。本任务主要阐述监理单位投资资金控制类文件资料所应形成的内容与要求，使学生能正确填写监理投资资金控制文件主要表格，清楚此类文件资料的形成流程与整理要求。

监理机构应审核承包人提交的资金流计划，并协助发包人编制合同工程付款计划。监理机构应建立合同工程付款台账，对付款情况进行记录。根据工程实际进展情况，对合同工程付款情况进行分析，必要时提出合同工程付款计划调整建议。

4.5.1　工程资金控制原则

（1）应严格执行建设工程施工合同中所约定的合同价、单价、工程量计算规则和工程款支付方法。

（2）应坚持对报验文件资料不全、与合同文件的约定不符、未经监理工程师质量验收合格或有违约的工程量不予计量和审核，拒绝该部分工程款的支付。

（3）由于工程变更和违约索赔引起的费用增减，处理时应坚持合理、公正的原则。

（4）对有争议的工程量计量和工程款支付，应采取协商的方法确定，在协商无效时，由总监理工程师做出决定；若仍有争议，可执行合同争议调解的基本程序。

（5）对工程量及工程款的审核应在建设工程施工合同所约定的时限内。

4.5.2　工程资金控制程序

工程资金控制程序框图如图 4.3 所示。

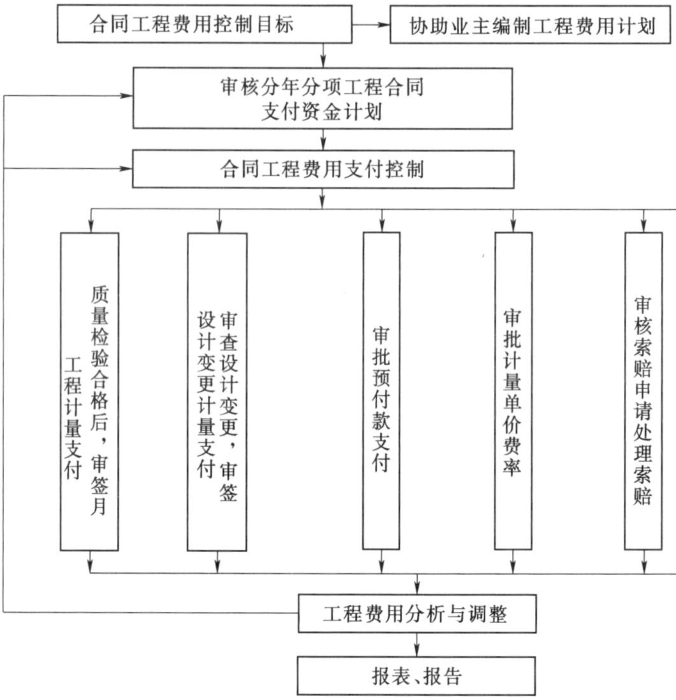

图4.3　工程资金控制程序框图

（1）承包单位统计经专业监理工程师质量验收合格的工程量，按施工合同的约定填报工程量清单和《工程进度付款申请单》。

（2）专业监理工程师进行现场计量，按施工合同的约定审核工程量清单和工程款支付申请表，并报总监理工程审定。

（3）总监理工程师签署《工程进度付款证书》（表4.23）和附件《工程进度付款审核汇总表》（表4.24），并报建设单位。

表4.23　　**JL19　工程进度付款证书**

（监理［　］进度付　　号）

合同名称：　　　　　　　　　　　　　　　　　合同编号：

致（发包人）： 经审核承包人的工程进度付款申请单（承包［　］进度付　　号），本月应支付给承包人的工程价款金额共计（大写）__________元（小写________元）。 根据施工合同约定，请贵方在收到此证书后的____天之内完成审批，将上述工程价款支付给承包人。 附件：1. 工程进度付款审核汇总表。 2. 其他。 监理机构：（名称及盖章） 总监理工程师：（签名） 日　期：　年　月　日
发包人审批意见： 发包人：（名称及盖章） 负责人：（签名） 日　期：　年　月　日

说明：本证书一式____份，由监理机构填写。发包人审批后，发包人____份、监理机构____份，承包人____份，办理结算时使用。

4.5.3　工程款支付表格文件

项目监理机构应按下列程序进行工程计量和工程款支付工作：

表 4.24　　**JL19 附表 1　工程进度付款审核汇总表**

（监理［　］付款审　　号）

合同名称：　　　　　　　　　　　　　　　　　合同编号：

项　目		截至上期末累计完成额（元）	本期承包人申请金额（元）	本期监理人审核金额（元）	截至本期末累计完成额（元）	备注
应支付金额	合同分类分项项目					
	合同措施项目					
	变更项目					
	计日工项目					
	索赔项目					
	小计					
	工程预付款					
	材料预付款					
	小计					
	价格调整					
	延期付款利息					
	小计					
	其他					
应付款金额合计						
扣除金额	工程预付款					
	材料预付款					
	小计					
	质量保证金					
	违约赔偿					
	其他					
扣除金额合计						
本期工程进度付款总金额						
本期工程进度付款总金额：　仟　佰　拾　万　仟　佰　拾　元（小写：　　元）						
监　理　机　构：（名称及盖章） 总监理工程师：（签名） 日　　　期：　　年　　月　　日						

说明：本表一式____份，由监理机构填写。发包人____份、监理机构____份、承包人____份，作为月报及工程进度付款证书的附件。

4.5.4　工程完工付款表格文件

监理机构应在施工合同约定期限内，完成对承包人提交的完工付款申请单及相关证明材料的审核，同意后签发完工付款证书，报发包人。

（1）承包单位按施工合同规定填报《完工付款/最终结清申请单》（表3.85）。

（2）专业监理工程师审核承包单位报送的《完工付款/最终结清申请单》。

（3）总监理工程师审定《完工付款/最终结清申请单》及相关证明材料的审核，签发《完工付款/最终结清证书》（表4.25）。

表4.25　　JL21　完工付款/最终结清证书

（监理［　］付结　　号）

合同名称：　　　　　　　　　　　　　　　　　　　　合同编号：

致（发包人）： 经审核承包人的□完工付款申请/□最终结清申请/□临时付款申请（承包［　］付结　　号），应支付给承包人的金额共计为（大写）________元（小写________元）。 请贵方在收到□完工付款证书/□最终结清证书/□临时付款证书后按合同约定完成审批，并将上述工程价款支付给承包人。 附件：1. 完工付款/最终结清申请单。 2. 审核计算资料。 监　理　机　构：（名称及盖章） 总监理工程师：（签名） 日　　　　期：　　年　　月　　日
发包人审定意见： 发包人：（名称及盖章） 负责人：（签名） 日　期：　　年　　月　　日

说明：本证书一式____份，由监理机构填写。发包人____份、监理机构____份、承包人____份。

任务4.6　工程监理合同管理文件资料形成与整理

【任务及目标】　监理合同管理文件资料，是监理工程师实施“四控制二管理”工作中形成的主要文件之一。本任务主要阐述监理单位合同管理类文件资料所应形成的内容与要求，能使学生正确填写监理合同管理文件主要表格，清楚此类文件资料的形成流程与整理要求。

4.6.1　合同管理中的费用索赔的处理文件资料

4.6.1.1　管理规定

（1）监理单位应参与索赔的处理过程，审核索赔报告，批准合理的索赔或驳回承包单位不合理的索赔要求或索赔要求中不合理的部分，使索赔得到圆满解决。

（2）承包单位提出费用索赔要求时，应满足以下条件：

1）索赔事件是由于非承包单位的责任发生，且确实给承包单位造成了直接经济损失。

2）承包单位已按施工合同规定期限和程序提出了《索赔意向通知》（表 4.26），并附有索赔意向书。

3）承包单位在提出《CB28 索赔意向通知》后，在监理单位总监理工程师批复受理后，及时提出《CB29 索赔申请报告》（表 4.27）。

表 4.26 **CB28 索赔意向通知**

（承包［ ］赔通 号）

合同名称： 合同编号：

致（监理机构）： 由于_________________原因，根据施工合同约定，我方拟提出索赔申请，请贵方审核。 附件：索赔意向书（包括索赔事件及影响、索赔依据、索赔要求等）。 承 包 人：（现场机构名称及盖章） 项目经理：（签名） 日 期： 年 月 日
监理意见： 监 理 机 构：（名称及盖章） 总监理工程师：（签字） 日 期： 年 月 日

说明：本表一式____份，由承包人填写。监理机构签署意见后，发包人____份、监理机构____份、承包人____份。

表 4.27 **CB29 索赔申请报告**

（承包［ ］赔报 号）

合同名称： 合同编号：

致（监理机构）： 根据有关规定和施工合同约定，我方对_________________事件，申请□赔偿金额为（大写）__________元（小写__________元）/□索赔工期____天，请贵方审核。 附件：索赔报告，主要内容包括： 1. 索赔事件简述及索赔要求。 2. 索赔依据。 3. 索赔计算。 4. 索赔证明材料。 承 包 人：（现场机构名称及盖章） 项目经理：（签名） 日 期： 年 月 日
监理机构将另行签发审核意见： 监理机构：（名称及盖章） 签 收 人：（签字） 日 期： 年 月 日

说明：本表一式____份，由承包人填写。监理机构签收后，发包人____份、监理机构____份、承包人____份。

(3) 承包单位应在承包合同规定的期限内向项目监理机构提交对建设单位的《索赔意向通知》。总监理工程师应对其进行初步审查，符合受理条件的应予以受理。

(4) 项目监理机构收到承包单位在合理期限内提出的费用索赔意向通知书后，应指定专业监理工程师负责收集与索赔有关的文件资料。

(5) 项目监理机构受理索赔申请后，应依据国家有关法律、法规、施工合同文件以及施工合同履行过程中与索赔事件相关的凭证进行处理。

(6) 监理单位主持进行费用索赔审查，并确定一个额度，监理单位与承包单位及建设单位进行协商。达到一致意见的，总监理工程师应在施工合同规定的期限内签署《JL17 索赔审核表》（表4.28），并报建设单位审核签字确认《JL18 索赔确认单》（表4.29）；如

表4.28　**JL17 索赔审核表**

（监理［　］索赔审　　号）

合同名称：　　　　　　　　　　　　　　　　　　合同编号：

致（发包人）： 根据有关规定和施工合同约定，承包人提出的索赔申请报告（承包［　］赔报　　号），索赔金额为（大写）________元（小写________元），索赔工期____天，经我方审核： □不同意此项索赔 □同意此项索赔，核准索赔金额为（大写）________元（小写________元），工期顺延____天。 附件：索赔审核意见。 监　理　机　构：（名称及盖章） 总监理工程师：（签名） 日　　期：　年　月　日
发包人：（现场机构名称及盖章） 负责人：（签名） 日　期：　年　月　日

说明：本表一式____份，由监理机构填写。发包人签署后，发包人____份、监理机构____份、承包人____份。

表4.29　**JL18 索赔确认单**

（监理［　］索赔确　　号）

合同名称：　　　　　　　　　　　　　　　　　　合同编号：

根据有关规定和施工合同约定，经友好协商，发包人、承包人同意________（承包［　］赔报　　号）的最终核定索赔金额为（大写）________元（小写________元），顺延工期____天。	
发包人：（名称及盖章） 负责人：（签名） 日　期：　年　月　日	承　包　人：（现场机构名称及盖章） 项目经理：（签名） 日　　期：　年　月　日
监　理　机　构：（名称及盖章） 总监理工程师：（签名） 日　　期：　年　月　日	

说明：本表一式____份，由监理机构填写。各方签字后，发包人____份、监理机构____份、承包人____份，办理结算时使用。

不能达成一致，总监理工程师可在施工合同规定的期限内，要求承包单位提交有关索赔报告的进一步详细资料。然后再与建设单位和承包单位协商解决。

（7）当承包单位的费用索赔要求与工程延期要求相关联时，总监理工程师在作出费用索赔的批准决定时，应与工程延期的批准联系起来，综合作出费用索赔和工程延期的决定。

（8）由于承包单位的原因造成建设单位的额外损失，建设单位向承包单位提出费用索赔时，总监理工程师在审查索赔报告后，应公正地与建设单位和承包单位进行协商，并及时作出签复。

4.6.1.2　索赔管理规定

（1）监理机构应按施工合同约定受理承包人和发包人提出的合同索赔。

（2）监理机构在收到承包人的索赔意向通知后，应确定索赔的时效性，查验承包人的记录和证明材料，指示承包人提交持续性影响的实际情况说明和记录。

（3）监理机构在收到承包人的中期索赔申请报告或最终索赔申请报告后，应进行以下工作：

1）依据施工合同约定，对索赔的有效性进行审核。

2）对索赔支持性文件资料的真实性进行审查。

3）对索赔的计算依据、计算方法、计算结果及其合理性逐项进行审核。

4）对由施工合同双方共同责任造成的经济损失或工期延误，应通过协商，公平、合理地确定双方分担的比例。

5）必要时要求承包人提供进一步的支持性文件资料。

（4）监理机构应在施工合同约定的时间内做出对索赔申请报告的处理决定，报送发包人并抄送承包人。若合同双方或其中任一方不接受监理机构的处理决定，则按争议解决的有关约定进行。

（5）在承包人提交了完工付款申请后，监理机构不再接受承包人提出的在合同工程完工证书颁发前所发生的任何索赔事项；在承包人提交了最终结清申请后，监理机构不再接受承包人提出的任何索赔事项。

（6）发生合同约定的发包人索赔事件后，监理机构应根据合同约定和发包人的书面要求及时通知承包人，说明发包人的索赔事项和依据，按合同要求商定或确定发包人从承包人处得到赔付的金额和（或）缺陷责任期的延长期。

4.6.2　工程变更管理文件整编

监理机构可依据合同约定向承包人发出变更意向书，要求承包人就变更意向书中的内容提交变更实施方案（包括实施变更工作的计划、措施和完工时间）；审核承包人的变更实施方案，提出审核意见，并在发包人同意后发出变更指示。若承包人提出难以实施此项变更的原因和依据，监理机构应与发包人、承包人协商后确定撤销、改变或不改变原变更意向书。此部分表格文件内容整编已在项目 3 中的施工技术文件资料整编中讲述。

4.6.2.1　管理规定

（1）设计单位因原设计存在缺陷提出的工程变更，应编制设计变更文件；建设单位或承包单位提出的工程变更，应提交总监理工程师，由总监理工程师组织专业监理工程师审查同意后，应由建设单位转交原设计单位编制设计变更文件。

（2）项目监理机构应了解实际情况并收集与工程变更有关的文件资料。

（3）总监理工程师必须根据实际情况、设计变更文件和其他有关文件资料，按照施工合同的有关条款，对工程变更的费用和工期作出评估。

（4）总监理工程师应就工程变更费用及工期的评估情况与承包单位和建设单位进行协调。项目监理机构处理工程变更应符合下列要求：

1）项目监理机构在工程变更的质量、费用和工期方面取得建设单位授权后，应按施工合同规定与承包单位进行协商，协商一致后，总监理工程师应将协商结果向建设单位通报，并由建设单位与承包单位在变更文件上签字。

2）在项目监理机构未能就工程变更的质量、费用和工期方面取得建设单位授权时，总监理工程师应协助建设单位和承包单位进行协商，并达成一致。

3）在建设单位和承包单位未能就工程变更的费用等方面达到协议时，项目监理机构应提出一个暂定的价格，作为临时支付工程进度款的依据。该项工程款最终结算时，应以建设单位和承包单位达成的协议为依据。

（5）总监理工程师签发工程变更单。工程变更单的内容应包括工程变更要求、工程变更说明、工程变更费用和工期、必要的附件等内容，有设计变更文件的工程变更应附设计变更文件。

（6）在总监理工程师签发工程变更单之前，承包单位不得实施工程变更。未经总监理工程师审查同意而实施的工程变更，项目监理机构不得予以计量。

（7）分包工程的工程变更应通过承包单位办理。

4.6.2.2　管理程序

监理机构对工程变更管理程序如图4.4所示。

4.6.3　监理机构联系单和监理机构备忘录文件整编

4.6.3.1　监理机构联系单

监理机构联系单是项目监理机构就工程有关事项与工程参建各方进行联络或回复的用表。监理机构联系单，可以就一些职责内的工作以建议性的语气提出，也可对职责内的工作提出告知、提醒或转发一些与项目工作有关的重要文件和通知。

（1）监理机构联系单可以对建设单位，也可以对施工单位，属于平行文件。由总监理工程师签发。

（2）监理机构联系单针对的是一般问题，可要求承包单位回复或者不做要求，主要起到告知要求，也是为监理免责的一项工作，见表4.30。

4.6.3.2　监理机构备忘录

监理机构备忘录用于项目监理机构就有关重要建议未被建设单位采纳或监理工程师通知单中的应执行事项，承包单位未予执行的最终书面说明，可抄报有关上级主管部门，即提醒建设单位或施工单位该做的事项，见表4.31。

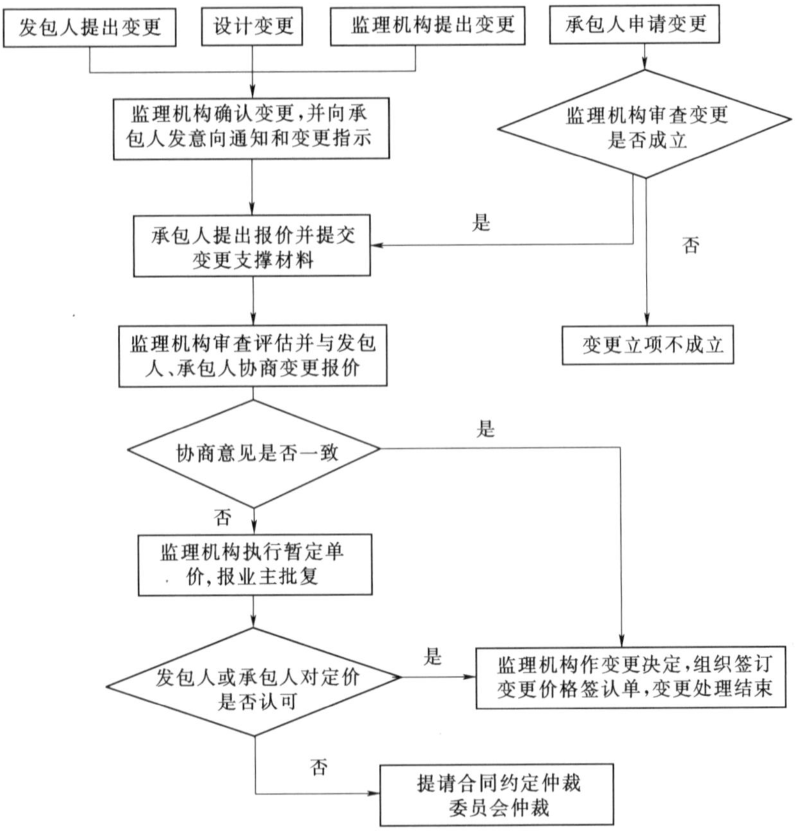

图 4.4　工程变更管理程序

表 4.30　　**JL39 监理机构联系单**

（监理［　］联系　　号）

合同名称：　　　　　　　　　　　　　　　　　合同编号：

致： 事由： 附件： 监　理　机　构：（名称及盖章） 总监理工程师：（签名） 日　　　　期：　　年　　月　　日
被联系单位签收人：（签名） 日　　　　期：　　年　　月　　日

说明：本表用于监理机构与监理工作有关单位的联系，监理机构、被联系单位各 1 份。

表 4.31　　**JL40 监理机构备忘录**

（监理[　]备忘　　号）

合同名称：　　　　　　　　　　　　　　　　　合同编号：

致： 事由： 附件： 监　理　机　构：（名称及盖章） 总监理工程师：（签名） 日　　　期：　　年　　月　　日

本表用于监理机构认为由于施工合同当事人原因导致监理职责履行受阻，或参建各方经协商未达成一致意见时应作出的书面记录，达到提醒，告知作用。

项目5　水利工程竣工验收文件资料整编

任务5.1　水利工程竣工验收程序与竣工验收文件资料的内容

【任务及目标】　本任务主要阐述工程项目在工程竣工验收过程中所形成的文件资料程序、名称及内容，能使学生了解工程竣工验收的主要流程和主要文件资料内容。

5.1.1　竣工验收的基本要求

（1）竣工验收应在工程建设项目全部完成并满足一定运行条件后1年内进行。不能按期进行竣工验收的，经竣工验收主持单位同意，可适当延长期限，但最长不应超过6个月。一定运行条件是指：

1）泵站工程经过一个排水或抽水期。

2）河道疏浚工程完成后。

3）其他工程经过6个月（经过一个汛期）至12个月。

（2）竣工验收应具备以下条件：

1）工程已按批准设计全部完成。

2）工程重大设计变更已经有审批权的单位批准。

3）各单位工程能正常运行。

4）历次验收所发现的问题已基本处理完毕。

5）各专项验收已通过。

6）工程投资已全部到位。

7）竣工财务决算已通过竣工审计，审计意见中提出的问题已整改并提交了整改报告。

8）运行管理单位已明确，管理养护经费已基本落实。

9）质量和安全监督工作报告已提交，工程质量达到合格标准。

10）竣工验收文件资料已准备就绪。

工程具备验收条件时，项目法人应提出竣工验收申请报告（表5.1），竣工验收申请报告应由法人验收监督管理机关审查后转报竣工验收主持单位。竣工验收分为竣工技术预验收和竣工验收两个阶段。（大型水利工程在竣工技术预验收前，应按照有关规定进行竣工验收技术鉴定；中型水利工程，竣工验收主持单位可根据需要决定是否进行竣工验收技术鉴定。）

（3）水利工程竣工验收的程序：

1）项目法人组织进行竣工验收自查。

2）项目法人提交竣工验收申请报告。

3）竣工验收主持单位批复竣工验收申请报告。

4）进行竣工技术预验收。

5）召开竣工验收会议。

6）印发竣工验收鉴定书。

表 5.1　　竣工验收申请报告内容要求

一、工程基本情况
二、竣工验收条件的检查结果
三、尾工情况及安排意见
四、验收准备工作情况
五、建议验收时间、地点和参加单位
六、附件：竣工验收自查工作报告

5.1.2　竣工验收时应提供的验收文件或备查文件资料

验收文件资料分为应提供的文件资料和需备查的文件资料。有关单位应保证其提交文件资料的真实性并承担相应责任。验收文件资料清单分别见表5.2和表5.3。

表 5.2　　验收应提供的文件资料清单

序号	资料名称	分部工程验收	单位工程验收	合同工程完工验收	机组启动验收	阶段验收	技术预验收	竣工验收	提供单位
1	工程建设管理工作报告		√	√	√	√	√	√	项目法人
2	工程建设大事记						√	√	项目法人
3	拟验工程清单、未完工程清单、未完工程的建设安排及完成时间		√	√	√	√	√	√	项目法人
4	技术预验收工作报告				*	*	√	√	专家组
5	验收鉴定书（初稿）				√	√	√	√	项目法人
6	度汛方案				*	√	√	√	项目法人
7	工程调度运用方案					√	√	√	项目法人
8	工程建设监理工作报告		√	√	√	√	√	√	监理机构
9	工程设计工作报告		√	√	√	√	√	√	设计单位
10	工程施工管理工作报告		√	√	√	√	√	√	施工单位
11	运行管理工作报告						√	√	运行管理单位
12	工程质量和安全监督报告				√	√	√	√	质安监督机构
13	竣工验收技术鉴定报告						*	*	技术鉴定单位

续表

序号	资　料　名　称	分部工程验收	单位工程验收	合同工程完工验收	机组启动验收	阶段验收	技术预验收	竣工验收	提供单位
14	机组启动试运行计划文件				√				施工单位
15	机组试运行工作报告				√				施工单位
16	重大技术问题专题报告					*	*	*	项目法人

注　符号“√”表示“应提供”，符号“*”表示“宜提供”或“根据需要提供”。

表 5.3　验收应准备的备查档案文件资料清单

序号	资　料　名　称	分部工程验收	单位工程验收	合同工程完工验收	机组启动验收	阶段验收	技术预验收	竣工验收	提供单位
1	前期工作文件及批复文件		√	√	√	√	√	√	项目法人
2	主管部门批文		√	√	√	√	√	√	项目法人
3	招标投标文件		√	√	√	√	√	√	项目法人
4	合同文件		√	√	√	√	√	√	项目法人
5	工程项目划分资料	√	√	√	√	√	√	√	项目法人
6	单元工程质量评定资料	√	√	√	√	√	√	√	施工单位
7	分部工程质量评定资料		√	*	√	√	√	√	项目法人
8	单位工程质量评定资料		√	*			√	√	项目法人
9	工程外观质量评定资料		√				√	√	项目法人
10	工程质量管理有关文件	√	√	√	√	√	√	√	参建单位
11	工程安全管理有关文件	√	√	√	√	√	√	√	参建单位
12	工程施工质量检验文件	√	√	√	√	√	√	√	施工单位
13	工程监理资料	√	√	√	√	√	√	√	监理单位
14	施工图设计文件		√	√	√	√	√	√	设计单位
15	工程设计变更资料	√	√	√	√	√	√	√	设计单位
16	竣工图纸		√	√		√	√	√	施工单位
17	征地移民有关文件		√			√	√	√	承担单位
18	重要会议记录	√	√	√	√	√	√	√	项目法人
19	质量缺陷备案表	√	√	√	√	√	√	√	监理机构
20	安全、质量事故资料	√	√	√	√	√	√	√	项目法人
21	阶段验收质量鉴定书						√	√	项目法人
22	竣工结算及审计资料						√	√	项目法人
23	工程建设中使用的技术标准	√	√	√	√	√	√	√	参建单位
24	工程建设标准强制性条文	√	√	√	√	√	√	√	参建单位
25	专项验收有关文件						√	√	项目法人
26	安全、技术鉴定报告					√	√	√	项目法人
27	其他档案资料	根据需要由有关单位提供							

注　符号“√”表示“应提供”，符号“*”表示“宜提供”或“根据需要提供”。

验收文件资料制备由项目法人统一组织，有关单位应按要求及时完成并提交。项目法人应对提交的验收文件资料进行完整性、规范性检查。

任务5.2　工程竣工图文件资料的形成与整理

【任务及目标】 竣工图是工程项目竣工验收时的主要文件资料之一。本任务主要阐述竣工图的重要意义与绘制原则，让学生能掌握竣工图绘制的要领。

5.2.1　竣工图的概念

5.2.1.1　竣工图的定义

竣工图是各项建设工程在施工过程中，根据施工现场的各种真实施工记录和指令性技术文件，对施工图进行修改或重新绘制的，与工程实体相符的图。

《建设工程文件归档整理规范》（CB/T 50328—2001）文件中第2.0.8条对竣工图的定义是“工程竣工验收后，真实反映建设工程项目施工结果的图样”。

5.2.1.2　编制竣工图的原因

（1）在施工过程中由于各种因素，原施工图与工程竣工后的建筑实体不相符合，主要是因原材料、工期、气候、使用功能、施工技术等引起的。

（2）为了工程项目的维修、改建、扩建、城市规划需要绘制与工程实体相符的图。

（3）是工程竣工档案的核心，是建设项目档案的重要组成部分。

5.2.1.3　设计图、施工图、竣工图的区别和联系

设计图、施工图、竣工图这三种图在工程的不同阶段和时间产生，也与不同经济活动相对应，见表5.4。

表5.4　设计图、施工图、竣工图分析表

图纸	编制时间	编制单位	材质	内　　容	对应经济活动
设计图	方案设计阶段	设计单位	白图	目录、说明、平面图、立面图	概算
施工图	施工图设计阶段	设计单位	蓝图	目录、说明、平面图、立面图、剖面图、大样图、节点图	预算
竣工图	施工过程中	施工单位	新蓝图	目录、说明、平面图、立面图、剖面图、大样图、节点图	结算

注　施工单位应以单位工程或专业为单位编制竣工图。

5.2.2　编制竣工图的重要意义和作用

竣工图是建设项目档案的重要组成部分，是工程竣工档案的核心。竣工图是建设工程全面、真实的反映。

（1）竣工图是进行交工验收、改扩建、维修管理的技术依据。

（2）竣工图是建设单位移交给运行管理单位的重要文件资料。

（3）竣工图是经济建设、科学研究、抗灾抢险等方面的重要保障查考资料。

（4）竣工图是司法鉴定裁决的法律凭证。

5.2.3　竣工图编制的基本要求

原施工图是编制竣工图的基础，有一张施工图，就应编制一张相应的竣工图。施工图取消的除外。

（1）所有竣工图必须由施工单位在图标上方或空白处加盖、签署竣工图章，竣工图章中的内容填写必须齐全、清楚，不得代签，竣工图章应使用不褪色红印泥，如图 5.1 所示。

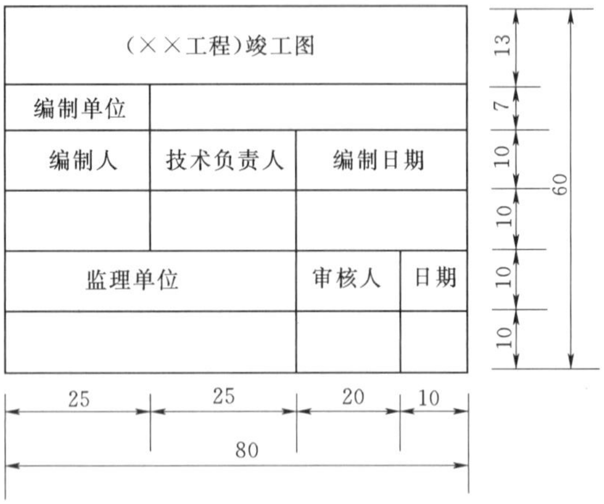

图 5.1　竣工图章（单位：mm）

（2）凡按图施工、没有变动的，可在原施工图上加盖“竣工图”标志后即可。

（3）凡一般性设计变更，且能在原施工图上修改、补充的，由施工单位在原施工图（必须是新蓝图）上注明修改内容与修改依据后，并附以设计变更通知单和施工说明，加盖“竣工图”标志后，即作为竣工图。

（4）凡涉及结构形式、工艺、平面布置等重大改变，或图面变更超过 1/3 的，不宜再在原施工图上修改、补充，应重新绘制改变后的竣工图（可不再加盖竣工图章），监理单位在图标上方加盖并签署“竣工图确认章”（图 5.2）。由于设计原因造成的，由设计单位负责重新绘图；由于施工原因造成的，由施工单位负责重新绘图；由于其他原因造成的，由建设单位自行绘图或委托设计单位绘图。

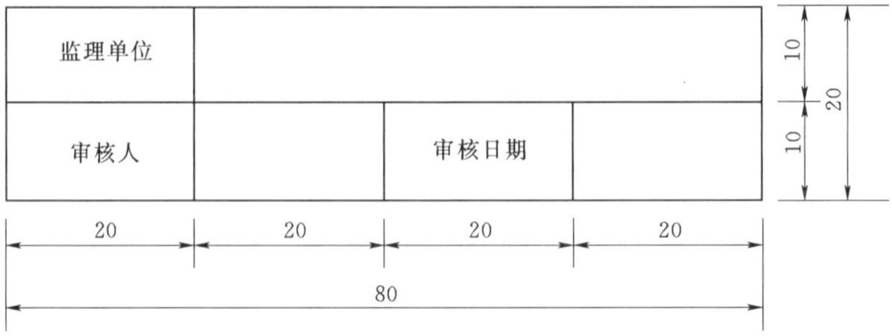

图 5.2　竣工图确认章（单位：mm）

（5）施工单位负责在新图上加盖“竣工图”标志并附以有关记录和说明，作为竣工图。重绘图应按原图编号，末尾加“竣”字。并在说明栏内注明变更依据，在图标栏内注明“竣工阶段”和绘制竣工图的时间、单位、责任人。

（6）竣工图应准确、清楚、完整、规范、修改到位、真实反映竣工验收时的实际情况。要保证图纸质量，做到规格统一，图面整洁、字迹清楚，不得用圆珠笔或其他易褪色的墨水绘制。

(7) 编制竣工图总说明及各专业的编制说明，叙述竣工图编制原则、各专业目录及编制情况。

(8) 竣工图按《技术用图复制图的折叠方法》折叠成A4图幅（210mm×297mm），图标露出。

(9) 竣工图按单位工程编制，并有详细说明和目录，竣工图上应打有页码。竣工图按专业、图号排列。

(10) 竣工图纸编制质量及整理情况应在自检报告的内容中予以详细说明。

(11) 竣工图不少于4套（其中施工单位自留1套）。全部竣工图均永久保存。

5.2.4　竣工图的更改

(1) 更改一般是杠（划）改；局部可圈出更改部位，在原图空白处重新绘。

(2) 用施工图更改，必须在更改处加引出线注明更改依据（盖章方式），如设计变更单的名称、编号、变更日期及洽商记录等文件编号；无法在图纸上表达清楚的，应在标题栏上方或左边用文字说明。

(3) 图上各种引出说明应与图框平行，引出线不交叉，不遮盖其他线条。

(4) 有关施工技术要求或材料明细表等文字有更改的，应在修改变更处进行杠改，当变更内容较多时，可采用注记说明的方法。

(5) 新增加的文字说明，应在其涉及的竣工图上做相应的添加和变更。

5.2.5　竣工图的审核

(1) 竣工图编制完成后，监理单位督促和协助设计、施工单位检查竣工图编制情况，发现不准确或短缺时要及时修改和补齐。竣工图内容应与施工图设计、设计变更、材料变更、施工实际情况及质检记录相符合。

(2) 竣工图必须按建设过程中的实际情况编制（包括设计变更、现场洽商、材料代用、质量事故处理等均在竣工图上反映），竣工图内容与施工图设计、设计变更、洽商、材料变更，施工及质检记录相符合。

(3) 竣工图按单位工程、装置或专业编制，并配合详细编制说明和目录。

(4) 竣工图应使用新的或干净的施工图，并按要求加盖并签署竣工图章。

(5) 一张更改通知单涉及多图的，如果图纸不在同一卷册的，应将复印件附在有关卷册中，或在备考表中说明。

任务5.3　工程竣工验收自查和验收相关文件资料的形成与整理

【任务及目标】 本任务主要阐述竣工验收前的准备工作中所形成的文件资料内容与工作流程，让学生能了解各类报告文件资料所应编写的要领与主要内容，清楚此类文件资料的形成与整理要求。

5.3.1　工程竣工验收自查文件资料的形成与整理

(1) 申请竣工验收前，项目法人应组织竣工验收自查。自查工作由项目法人主持，勘测、设计、监理、施工、主要设备制造（供应）商以及运行管理等单位的代表参加。

（2）竣工验收自查应包括以下主要内容：

1）检查有关单位的工作报告。

2）检查工程建设情况，评定工程项目施工质量等级。

3）检查历次验收、专项验收的遗留问题和工程初期运行所发现问题的处理情况。

4）确定工程尾工内容及其完成期限和责任单位。

5）对竣工验收前应完成的工作做出安排。

6）讨论并通过竣工验收自查工作报告。

（3）项目法人组织工程竣工验收自查前，应提前10个工作日通知质量和安全监督机构，同时向法人验收监督管理机关报告。质量和安全监督机构应派员列席自查工作会议。

（4）项目法人应在完成竣工验收自查工作之日起10个工作日内，将自查的工程项目质量结论和相关文件资料报质量监督机构核备。

（5）参加竣工验收自查的人员应在自查工作报告上签字。项目法人应自竣工验收自查工作报告通过之日起30个工作日内，将自查报告报法人验收监督管理机关。工程项目竣工验收自查工作报告格式见表5.5。

表5.5　　项目竣工验收自查工作报告格式

（封面） ××××工程 **项目竣工验收自查工作报告** ××××工程项目竣工验收自查工作组 年　月　日 项目法人： 代建机构（如有时）： 设计单位： 监理单位： 主要施工单位： 主要设备制造（供应）商单位： 质量和安全监督机构： 运行管理单位：	前言（包括组织机构、自查工作过程等） 一、工程概况 （一）工程名称及位置 （二）工程主要建设内容 （三）工程建设过程 二、工程项目完成情况 （一）工程项目完成情况 （二）完成工程量与初设批复工程量比较 （三）工程验收情况 （四）工程投资完成及审计情况 （五）工程项目移交和运行情况 三、工程项目质量评定 四、验收遗留问题处理情况 五、尾工情况及安排意见 六、存在的主要问题处理意见 七、结论 八、工程项目竣工验收自查工作组成员签字表

5.3.2　工程建设管理工作报告文件资料的形成与整理

建设工程建设管理工作报告是工程验收时应具备的基本文件，它是参建各单位在工程竣工验收前就工程情况编写的较为详细和完整的工程总结。

5.3.2.1　工程建设管理工作报告

工程建设管理工作报告由项目法人组织编写，封面颜色为黄色。报告具体内容如下：

（1）工程概况：

1）工程位置。

2）立项、初设文件批复。

3）工程建设任务及设计标准。

4）主要技术特征指标。

5）工程主要建设内容。

6）工程布置。

7）工程投资。

8）主要工程量和总工期。

（2）工程建设简况：

1）施工准备。

2）工程施工分标情况及参建单位。

3）工程开工报告及批复。

4）主要工程开工及完工日期。

5）主要工程施工过程。

6）主要设计变更。

7）重大技术问题处理。

8）施工期防汛度汛。

（3）专项工程和工作：

1）征地补偿和移民安置。

2）环境保护工程。

3）水土保持设施。

4）工程建设档案。

（4）项目管理：

1）机构设置及工作情况。

2）主要项目招标投标过程。

3）工程概算与投资计划完成情况。

a. 批准概算与实际执行情况。

b. 年度计划安排。

c. 投资来源、资金到位及完成情况。

4）合同管理。

5）材料及设备供应。

6）资金管理与合同价款结算。

（5）工程质量：

1）工程质量管理体系和质量监督。

2）工程项目划分。

3）质量控制和检测。

4）质量事故处理情况。

5）质量等级评定。

（6）安全生产与文明工地。

（7）工程验收：

1）单位工程验收。

2）阶段验收。

3）专项验收。

（8）蓄水安全鉴定和竣工验收技术鉴定：

1）蓄水安全鉴定（鉴定情况、主要结论）。

2）竣工验收技术鉴定（鉴定情况、主要结论）。

（9）历次验收、鉴定遗留问题处理情况。

（10）工程运行管理情况：

1）管理机构、人员和经费情况。

2）工程移交。

（11）工程初期运行及效益：

1）工程初期运行情况。

2）工程初期运行效益。

3）工程观测、监测文件资料分析。

（12）竣工财务决算编制与竣工审计情况。

（13）存在问题及处理意见。

（14）工程尾工安排。

（15）经验与建议。

（16）附件：

1）项目法人的机构设置及主要工作人员情况表。

2）项目建议书、可行性研究报告、初步设计等批准文件及调整批准文件。

5.3.2.2　工程建设大事记

工程建设大事记由项目法人组织编写，具体内容如下：

（1）根据水利工程建设程序，主要记载项目法人从委托设计、报批立项直到竣工验收过程中对工程建设有较大影响的事件，包括有关批文、上级有关批示、设计重大变化、主管部门稽察和检查、有关合同协议的签订、建设过程中的重要会议、施工期度汛抢险及其他重要事件、主要项目的开工和完工情况、历次验收等情况。

（2）工程建设大事记可单独成册，也可作为“工程建设管理工作报告”的附件。

5.3.2.3 工程施工管理工作报告

工程施工管理工作报告由施工单位组织编写，封面颜色为蓝色。报告具体内容如下：

（1）工程概况。

（2）工程投标。

（3）施工进度管理。

（4）主要施工方法。

（5）施工质量管理。

（6）文明施工与安全生产。

（7）合同管理。

（8）经验与建议。

（9）附件：

1）施工管理机构设置及主要工作人员情况表。

2）投标时计划投入的资源与施工实际投入资源情况表。

3）工程施工管理大事记。

4）技术标准目录。

5.3.2.4 工程设计工作报告

工程设计工作报告由设计单位组织编写，封面颜色为绿色。报告具体内容如下：

（1）工程概况。

（2）工程规划设计要点。

（3）工程设计审查意见落实。

（4）工程标准。

（5）设计变更。

（6）设计文件质量管理。

（7）设计服务。

（8）工程评价。

（9）经验与建议。

（10）附件：

1）设计机构设置和主要工作人员情况表。

2）工程设计大事记。

3）技术标准目录。

5.3.2.5 工程建设监理工作报告

工程建设监理工作报告由监理单位组织编写，封面颜色为橘红色。报告具体内容如下：

（1）工程概况。

（2）监理规划。

（3）监理过程。

（4）监理效果。

（5）工程评价。

（6）经验与建议。

（7）附件：

1）监理机构的设置与主要人员情况表。

2）工程建设监理大事记。

5.3.2.6 运行管理工作报告

运行管理工作报告由运行管理单位组织编写，小型水库可以一章的内容并入“工程建设管理工作报告”。报告具体内容如下：

（1）工程概况。

（2）运行管理。

（3）工程初期运行。

（4）工程监测文件资料和分析。

（5）意见和建议。

（6）附件：

1）管理机构设立的批文。

2）机构设置情况和主要工作人员情况。

3）规章制度目录。

5.3.2.7 工程质量监督工作报告

工程质量监督工作报告是负责工程质量监督部门在工程竣工验收后5日内向建设质量监督备案部门提交的工程质量监督文件，封面颜色为红色。报告具体内容如下：

（1）工程概况。

（2）质量监督工作。

（3）参建单位质量管理体系。

（4）工程项目划分确认。

（5）工程质量检测。

（6）工程质量核备与核定。

（7）工程质量事故和缺陷处理。

（8）工程项目质量结论意见。

（9）附件：

1）有关该工程项目质量监督人员情况表。

2）工程建设过程中质量监督意见（书面材料）汇总。

5.3.2.8 工程安全监督工作报告

工程安全监督工作报告由工程质量监督部门组织编写，封面颜色为红色。报告具体内容如下：

（1）工程概况。

（2）安全监督工作。

（3）参建单位安全管理体系。

（4）现场监督检查。

（5）安全生产事故处理情况。

(6) 工程安全生产评价意见。

(7) 附件：

1) 有关该工程项目安全监督人员情况表。

2) 工程建设过程中安全监督意见（书面材料）汇总。

5.3.3　竣工财务决算报告

(1) 竣工决算报告的内容。竣工决算报告是考核基本建设项目投资效益、反映建设成果的文件；是建设单位向生产、使用或管理单位移交财产的依据。建设单位从项目筹建开始，即应明确专人负责，做好有关文件资料的收集、整理、积累和分析工作。项目完建时，应组织工程技术、计划、财务、物资、统计等有关人员共同完成工程竣工决算报告的编制工作。

基本建设项目完建后、在竣工验收之前应当根据有关文件资料开列的数字预编制竣工决算报告。未预编制竣工决算报告的项目原则上不能通过竣工验收。

(2) 竣工决算报告的组成。竣工决算报告由以下四部分组成：

1) 竣工决算报告的封面、目录。

2) 竣工工程平面示意图。

3) 竣工决算报告说明书。

4) 竣工决算表格。

(3) 竣工决算报告说明书是竣工报告的重要组成部分，主要内容包括：工程项目概况；工程建设过程和工程管理工作中的重大事件、经验教训；工程投资支出和财务管理工作的基本情况；以及工程遗留问题和有哪些需要解决的问题。

(4) 竣工决算报告表式分两部分：第一部分为工程概况表专用表式，第二部分为通用表式。

1) 工程概况表。

2) 通用表式。包括：

a. 财务决算总表。

b. 财务决算明细表。

c. 资金来源情况表。

d. 应核销投资及转出投资明细表。

e. 建设成本和概算执行情况表。

f. 外资使用情况表。

g. 交付使用财产总表。

h. 交付使用财产明细表。

5.3.4　竣工技术预验收文件资料的形成与整理

(1) 技术预验收是水利水电建设工程竣工验收的一个阶段，在竣工验收主持单位批复竣工验收申请报告后进行。

(2) 竣工技术预验收应由竣工验收主持单位组织的专家组负责。技术预验收专家组成员应具有高级技术职称或相应的执业资格，2/3以上成员应来自工程非参建单位。工程参建单位的代表应参加技术预验收，负责回答专家组提出的问题。

（3）竣工技术预验收专家组可下设专业工作组，并在各专业工作组检查意见的基础上形成竣工技术预验收工作报告。竣工技术预验收工作报告格式见表 5.6。

表 5.6　　竣工技术预验收工作报告格式

（封面）

××××工程

竣工技术预验收工作报告

××××工程竣工技术预验收专家组

年　　月　　日

前言（包括验收依据、组织机构、验收过程等）

第一部分　工程建设

一、工程概况

（一）工程名称、位置

（二）工程主要任务和作用

（三）工程设计主要内容

1. 工程立项、设计批复文件

2. 设计标准、规模及主要技术经济指标

3. 主要建设内容及建设工期

二、工程施工过程

1. 主要工程开工、完工时间（附表）

2. 重大技术问题及处理

3. 重大设计变更

三、工程完成情况和完成的主要工程量

四、工程验收、鉴定情况

（一）单位工程验收

（二）阶段验收

（三）专项验收（包括主要结论）

（四）竣工验收技术鉴定（包括主要结论）

五、工程质量

（一）工程质量监督

（二）工程项目划分

（三）工程质量检测

（四）工程质量评定

六、工程运行管理

（一）管理机构、人员和经费

（二）工程移交

七、工程初期运行及效益

（一）工程初期运行情况

（二）工程初期运行效益

（三）初期运行监测资料分析

八、历次验收及相关鉴定提出的主要问题的处理情况

九、工程尾工安排

十、评价意见

第二部分　专项工程（工作）及验收

一、征地补偿和移民安置

（一）规划（设计）情况

（二）完成情况

（三）验收情况及主要结论

二、水土保持设施

（一）设计情况

（二）完成情况

（三）验收情况及主要结论

三、环境保护

（一）设计情况

（二）完成情况

（三）验收情况及主要结论

四、工程档案（验收情况及主要结论）

五、消防设施（验收情况及主要结论）

六、其他

第三部分　财务审计

一、概算批复

二、投资计划下达及资金到位

三、投资完成及交付资产

四、征地拆迁及移民安置资金

五、结余资金

六、预计未完工程投资及费用

七、财务管理

八、竣工财务决算报告编制

九、稽察、检查、审计

十、评价意见

第四部分　意见和建议

第五部分　结论

第六部分　竣工技术预验收专家组专家签名表

(4) 竣工技术预验收应包括以下主要内容：

1) 检查工程是否按批准的设计完成。

2) 检查工程是否存在质量隐患和影响工程安全运行的问题。

3) 检查历次验收、专项验收的遗留问题和工程初期运行中所发现问题的处理情况。

4) 对工程重大技术问题作出评价。

5) 检查工程尾工安排情况。

6) 鉴定工程施工质量。

7) 检查工程投资、财务情况。

8) 对验收中发现的问题提出处理意见。

(5) 竣工技术预验收应按以下程序进行：

1) 现场检查工程建设情况并查阅有关工程建设文件资料。

2) 听取项目法人、设计、监理、施工、质量和安全监督机构、运行管理等单位的工作报告。

3) 听取竣工验收技术鉴定报告和工程质量抽样检测报告。

4) 专业工作组讨论并形成各专业工作组意见。

5) 讨论并通过竣工技术预验收工作报告。

6) 讨论并形成竣工验收鉴定书初稿。

5.3.5 竣工验收鉴定书文件资料的形成与整理

(1) 在竣工技术预验收完成后，召开竣工验收会议，确定竣工验收鉴定书文件。

(2) 竣工验收委员会可设主任委员1名，副主任委员以及委员若干名，主任委员应由验收主持单位代表担任。竣工验收委员会由竣工验收主持单位、有关地方人民政府和部门、有关水行政主管部门和流域管理机构、质量和安全监督机构、运行管理单位的代表以及有关专家组成。工程投资方代表可参加竣工验收委员会。

(3) 项目法人、勘测、设计、监理、施工和主要设备制造（供应）商等单位应派代表参加竣工验收，负责解答验收委员会提出的问题，并作为被验收单位代表在验收鉴定书上签字。

(4) 竣工验收会议应包括以下主要内容和程序：

1) 现场检查工程建设情况及查阅有关文件资料。

2) 召开大会。大会内容包括：①宣布验收委员会组成人员名单；②观看工程建设声像资料；③听取工程建设管理工作报告；④听取竣工技术预验收工作报告；⑤听取验收委员会确定的其他报告；⑥讨论并通过竣工验收鉴定书；⑦验收委员会和被验收单位代表在竣工验收鉴定书上签字。

(5) 工程项目质量达到合格及以上等级的，竣工验收的质量结论意见为合格。

(6) 数量按验收委员会组成单位、工程主要参建单位各1份以及归档所需份数确定。自鉴定书通过之日起30个工作日内，由竣工验收主持单位发送有关单位。鉴定书格式见表5.7。

表5.7 竣工验收鉴定书格式

××××工程竣工验收 鉴　定　书 ××××工程竣工验收委员会 年　月　日 前言（包括验收依据、组织机构、验收过程等） 一、工程设计和完成情况 （一）工程名称及位置 （二）工程主要任务和作用 （三）工程设计的主要内容 1. 工程立项、设计批复文件 2. 设计标准、规模及主要技术经济指标 3. 主要建设内容及建设工期 4. 工程投资及投资来源 （四）工程建设有关单位（见附表） （五）工程施工过程 1. 主要工程开工、完工时间 2. 重大设计变更 3. 重大技术问题及处理情况 （六）工程完成情况和完成的主要工程量 （七）征地补偿及移民安置 （八）水土保持设施 （九）环境保护工程	二、工程验收及鉴定情况 （一）单位工程验收 （二）阶段验收 （三）专项验收 （四）竣工验收技术鉴定 三、历次验收及相关鉴定提出的主要问题的处理情况 四、工程质量 （一）工程质量监督 （二）工程项目划分 （三）工程质量抽检（如有时） （四）工程质量评定 五、概算执行情况 （一）投资计划下达及资金到位 （二）投资完成及交付资产 （三）征地补偿和移民安置资金 （四）结余资金 （五）预计未完工程投资及预留费用 （六）竣工财务决算报告编制 （七）审计 六、工程尾工安排 七、工程运行管理情况 （一）管理机构、人员和经费情况 （二）工程移交 八、工程初期运行及效益 （一）初期运行管理 （二）初期运行效益 （三）初期运行监测资料分析 九、竣工技术预验收 十、意见和建议 十一、结论 十二、保留意见（应有本人签字） 十三、验收委员会委员和被验单位代表签字表 十四、附件：竣工技术预验收工作报告

任务5.4 水利工程交接移交及竣工证书文件资料的形成与整理

【任务及目标】 本任务主要阐述竣工验收通过后在工程交接中所形成的文件资料内容与工作流程，让学生能了解各类文件资料所应编写的要领与主要内容，清楚此类文件资料的形成与整理要求。

5.4.1 工程交接

（1）通过合同工程完工验收或投入使用验收后，项目法人与施工单位应在30个工作日内组织专人负责工程的交接工作，交接过程应有完整的文字记录并有双方交接负责人签字。

（2）项目法人与施工单位应在施工合同或验收鉴定书约定的时间内完成工程及其档案文件的交接工作。

（3）工程办理具体交接手续的同时，承包双方共同确定工程质量缺陷责任期。缺陷责任期一般有 6 个月、12 个月或者 24 个月，具体由发承包双方在合同管理中约定。

（4）工程质量缺陷责任期即工程质量保修期，从工程通过合同工程完工验收之日起，或从单位工程或部分工程通过投入使用验收之日起，至有关规定或施工合同约定的缺陷责任终止的时段。

（5）在施工单位完成施工场地清理以及提交有关竣工文件资料后，项目法人应在 30 个工作日内向施工单位颁发合同完工证书。合同完工证书格式见表 5.8。

表 5.8　合同完工证书格式

××××工程 ××××合同工程 （合同名称及编号） **完　工　证　书** 项目法人： 年　　月　　日 代建机构（如有时）： 设计单位： 监理单位： 施工单位： 主要设备制造（供应）商单位： 运行管理单位：	**合同工程完工证书** ××××合同工程已于××××年××月××日通过了由××××主持的合同工程完工验收，现颁发合同工程完工证书。 项目法人： 法定代表人：（签字） 年　　月　　日

（6）一般当合同工程完工证书颁发后，缺陷责任期还未终止，在承包人提交的缺陷责任终止申请后，若满足合同约定条件后，发包人签发缺陷责任期终止证书。见表 5.9。

表 5.9　　缺陷责任期终止证书格式

××××工程 （合同名称及编号） **工程缺陷责任终止证书** 项目法人： 年　月　日	××××工程 **质量缺陷责任终止证书** ××××工程（合同名称及编号）缺陷责任期已于××××年××月××日期满，合同约定的质量保修责任已履行完毕，现颁发质量保修责任终止证书。 项目法人： 法定代表人：（签字） 年　月　日

5.4.2 工程移交

（1）工程通过投入使用验收后，项目法人宜及时将工程移交运行管理单位管理，并与其签订工程提前启用协议。

（2）在竣工验收鉴定书印发后 60 个工作日内，项目法人与运行管理单位应完成工程移交手续。

（3）工程移交应包括工程实体、其他固定资产和工程档案文件资料等，应按照初步设计等有关批准文件进行逐项清点，并办理移交手续。

（4）办理工程移交，应有完整的文字记录和双方法定代表人签字。

5.4.3 竣工证书颁发

（1）工程缺陷责任期满以及验收遗留问题和尾工处理完成后，项目法人应向工程竣工验收主持单位申请领取竣工证书。申请报告应包括以下内容：

1）工程移交情况。

2）工程运行管理情况。

3）验收遗留问题和尾工处理情况。

4）工程质量保修期有关情况。

（2）竣工验收主持单位应自收到项目法人申请报告后 30 个工作日内决定是否颁发工程竣工证书，颁发竣工证书应符合以下条件：

1）竣工验收鉴定书已印发。

2）工程遗留问题和尾工处理已完成并通过验收。

3）工程已全面移交运行管理单位管理。

（3）工程竣工证书是项目法人全面完成工程项目建设管理任务的证书，也是工程参建单位完成相应工程建设任务的最终证明文件。

（4）工程竣工证书数量按正本3份和副本若干份颁发，正本由项目法人、运行管理单位和档案部门保存，副本由工程主要参建单位保存，见表5.10。

表5.10　　**工程竣工证书格式**

（正本）	（副本）
××××工程	××××工程
竣　工　证　书	**竣　工　证　书**
××××工程已于××××年××月××日通过了由××××主持的竣工验收，现颁发工程竣工证书。	
颁发机构：	
年　　月　　日	年　　月　　日

注　正本证书外形尺寸：60cm×40cm（长×宽）。

附录　竣工验收工程档案文件资料整编立卷参考目录

第一卷　工程建设管理类

第一分卷　综合文件资料

（包括项目法人组织机构设置及批复文件、建设管理制度、开工报告书、投资计划，上级主管部门下达的有关指导性文件等）

第二分卷　初步设计及批复文件

（包括安全鉴定文件资料，初步设计报告、审查意见及批复文件等）

第三分卷　施工图、设计变更文件

第四分卷　质量监督

（包括质量监督报告书、项目划分和监督计划书、质量检测报告等）

第五分卷　工程合同

（包括设计、监理、施工、质量检测等合同及合同变更文件等）

第六分卷　招标、投标文件

（包括招标文件、招标公告、评标报告、中标总结报告、中标通知书、履约保函以及投标文件等）

第七分卷　财务管理

（包括财务与会计管理文件资料、竣工决算报告及有关资料竣工审计文件资料等）

第二卷　监理类

第一分卷　综合文件资料

（包括监理规划、监理实施细则、项目划分、监理发布文件、与有关单位往来文件、会议纪要等）

第二分卷　原材料、中间产品等质量平行检测文件资料

第三分卷　监理现场记录

（包括监理现场测量、旁站记录、监理日志等）

第四分卷　监理月报

第五分卷　验收文件资料

（包括重要单元隐蔽工程和关键部位单元工程验收签证等）

第三卷　施工类

第一分卷　综合文件资料

（包括施工组织设计、施工进度计划、安全生产方面的文件措施，与有关单位的往来文件、会议纪要）

第二分卷　原材料和中间产品文件资料

（包括出厂合格证、各种试验报告单，经监理见证跟踪送检的质量抽检文件资料）

第三分卷　机电设备文件资料

（包括出厂资料、安装调试、性能鉴定及试运行文件资料等）

第四分卷　原始记录

（施工日志，含原始断面测量、现场记录等）

第五分卷　单元工程、分部工程质量评定文件资料

（含隐蔽验收、开仓证）

第六分卷　施工月报

第七分卷　施工声像文件资料

第四卷　竣工图纸

第五卷　验收报告

第六卷　验收鉴定书

（包括各阶段验收鉴定书）

参　考　文　献

[1] 水利部建设与管理司．中国水利工程协会水利建设待业施工管理技术岗位人员培训教材［M］．北京：中国水利水电出版社，2009.

[2] 龙振华，张保同，龙立华．水利工程资料整编［M］．郑州：黄河水利出版社，2012.

[3] GB 50328—2014 建设工程文件归档整理规范［S］．北京：中国建筑工业出版社，2014.

[4] SL 288—2014 水利工程施工监理规范［S］．北京：中国水利水电出版社，2014.

[5] SL 631—2012 水利水电工程单元工程施工质量验收评定标准——土石方工程［S］．北京：中国水利水电出版社，2012.

[6] SL 632—2012 水利水电工程单元工程施工质量验收评定标准——混凝土工程［S］．北京：中国水利水电出版社，2012.

[7] SL 223—2008 水利水电建设工程验收规程［S］．北京：中国水利水电出版社，2008.

[8] SL 176—2007 水利水电工程施工质量检验与评定规定［S］．北京：中国水利水电出版社，2007.

[9] GB/T 11822—2008 科学技术档案案卷构成的一般要求［S］．北京：中国标准出版社，2009.

[10] GB/T 10609.3—2009 技术制图复制图的折叠方法［S］．北京：中国标准出版社，2009.

[11] GB/T 18894—2016 电子文件归档与管理规范［S］．北京：中国标准出版社，2016.

[12] 水利部建设与管理司．水利水电工程单元工程施工质量检验评定表及填表说明（上、下册）［M］．北京：中国水利水电出版社，2016.